Change-Kommunikation

Menschen für Veränderungen gewinnen

Kristin Hanusch-Linser
Gunhard Keil

Inhalt

Vorwort

In einem Punkt sind sich alle Change-Expert:innen einig: Entscheidend für den Erfolg von Change-Vorhaben ist Kommunikation, die die Menschen erreicht, mitnimmt und ihnen Orientierung im Wandel gibt. Genau das passiert häufig jedoch nicht: Mitarbeiter:innen werden mit Folien voller Fakten und KPIs bombardiert, die das *Was* erklären, das *Wie* aussparen, ohne das *Wozu* hervorzuheben. Dieses Modell mag kurzfristig funktionieren, aber auf Dauer ist es kein gutes Rezept. Nur wer das *Wozu* annimmt, kann das *Was* verstehen und ist dann eher bereit, das neue *Wie* nicht nur zu ertragen, sondern mitzutragen. In diesem TaschenGuide konzentrieren wir uns deshalb auf das Wozu und Wie von Change-Kommunikation in der Krise, ohne dabei natürlich das Was zu kurz kommen zu lassen.

Aus unser beider langjähriger Managementerfahrung und Beraterperspektive wissen wir, dass Kommunikation das wichtigste Managementinstrument überhaupt ist. Mit diesem TaschenGuide geben wir Ihnen ein Toolkit an die Hand, das alles Nützliche enthält, was Sie für Ihre Change-Kommunikation brauchen: sofort einsetzbare Mind Openers, die nicht nur den Verstand, sondern auch das Herz der Beteiligten erreichen, messerscharfe, praktische Instrumente, einen Change-Kompass, Anwendungstipps aus der Praxis, aber auch Beispiele gelungener und weniger gelungener Kommunikation.

Viel Freude beim Lesen und Umsetzen,

Kristin Hanusch-Linser & Gunhard Keil

Kommunikation und Change: eine Symbiose mit Mehrwert

Change ist zum Dauerzustand geworden. Eine Veränderung jagt die nächste. Umso wichtiger ist es, Betroffene zu überzeugten Beteiligten zu machen. Und genau dafür braucht es eine Kommunikation, die mitreißt, Vertrauen und Nähe schafft. In diesem Kapitel erfahren Sie unter anderem,

- welche Rolle die Erkenntnisse der Hirnforschung dabei spielen,
- warum Sie eine Heldengeschichte dafür brauchen,
- warum Emotionen wichtiger sind als Fakten und Pläne.

Das Fundament erfolgreicher Change-Kommunikation

Die meisten Menschen und ganz besonders Führungskräfte sind davon überzeugt, rational und unvoreingenommen zu entscheiden und handeln. Doch leider, leider denken und agieren wir weit weniger rational, als wir möchten. Unser Gehirn ist darauf programmiert, die Realität erst zu konstruieren, damit wir uns in ihr orientieren und bewegen können. Man könnte sagen, es ist eine Vorhersagemaschine, mit deren Hilfe wir Realität wahrnehmen, interpretieren und konstruieren. Das Gehirn arbeitet nämlich mit Vorhersagen und erzeugt permanent Annahmen. Aus den produzierten Annahmen werden ganz schnell Überzeugungen. Diese wiederum haben eine durchaus gesunde Aufgabe. Sie sind dazu da, das »Big Picture« zu erzeugen, das uns als Orientierungs- und Entscheidungshilfe dient. Das funktioniert überwiegend gut und ganz besonders gut in der Routine gelernter Abläufe, eines gewohnten Kontextes.

Und weil unser Gehirn alles liebt außer Veränderung des Kontextes und seiner Abläufe, sind es unsere Überzeugungen, die als erste Alarm schlagen, wenn Change oder Krise angesagt ist. Unsere evolutionär bedingte Tendenz, an Mustern festzuhalten, hilft uns in solchen Situationen erst einmal gar nichts, sondern ist uns eher im Weg.

Allein das Wort »Change« macht etwas mit den meisten von uns. Es aktiviert das Angstzentrum im Gehirn. Und wie wir aus der Gehirnforschung wissen, löst Angst Stressreaktionen aus, die geprägt sind durch Angriffs-, Flucht- oder Erstarrungs-Reaktionsmuster. Stress wiederum ist Gift für das, was wir eigentlich wollen, nämlich ein positives Zukunftsbild, dem die Menschen folgen können und wollen.

Erfolgsformeln und Kommunikationshacks

Change-Kommunikation funktioniert daher immer am besten, wenn wir Veränderung gehirngerecht adressieren und verpacken. Die folgenden Erfolgsformeln und Kommunikationshacks helfen dabei, ein tragfähiges Fundament für den Aufbau gelingender Change-Kommunikation zu schaffen.

1. Gehirngerechte Kommunikation: emotional statt funktional

Spätestens seit dem viel beachteten Buch »Schnelles Denken, langsames Denken« des Psychologen Daniel Kahneman wissen wir, dass unser Denken sich in zwei Systeme einteilen lässt. Das System 2 (Slow) steuert unser langsames, rationales Denken und verbraucht viel Energie. Das System 1 (Fast) steht für das schnelle, emotional gesteuerte Denken. 95 % der Informationen werden unbewusst über das System 1 verarbeitet. Das spart Energie und ermöglicht uns, weitgehend im Autopilot-Modus durchs Leben zu kommen. Aus dieser Systematik folgt für unser Thema: Change-Botschaften erreichen uns über das schnelle, emotionale System 1 viel schneller und vor allem effektiver. Es gilt also, das schnelle Denken statt des langsamen Denkens anzusteuern.

Tech-Speech mit komplizierten Fachbegriffen und fachlich begründeter Change funktionieren meistens nicht. Unser Gehirn kommt nicht nach. Während unser System 2 noch am Dekodieren ist, hat unser System 1 schon sein Urteil gefällt: »Was ich sehe und höre, gefällt mir nicht …«. Der Trick: Nutzen Sie Emotional-Speech. Sie wirkt erheblich schneller. Dabei helfen uns uralte und bestens erprobte Kulturtechniken wie das Storytelling. Geschichten erzeugen nämlich einen assoziativen Kontext, den das Gehirn schnell abrufen kann durch bekannte Muster und Vorlagen. Und wenn sie gut erzählt werden, sind sie auch noch sinnstiftend und identitätsbildend, womit wir bei der Königsklasse der Change-Kommunikation wären.

2. Weniger ist mehr, oder: der Mut zur Lücke

Unser Gehirn kann nur sehr wenige Informationen gleichzeitig verarbeiten. Und unter Stress ist unsere Aufmerksamkeitsspanne besonders reduziert. Deshalb sollten Sprachbilder und Informationen jedenfalls knappgehalten werden, um zu wirken. Es muss auch nicht alles bis zur letzten Kommastelle genau stimmen und zu Ende gedacht werden. Unsicherheiten sind zumutbar. Werden sie offen ausgesprochen, tragen sie sogar zur Glaubwürdigkeit bei.

3. Informationen mit Emotionen und Assoziationen verbinden

Wenn es uns nicht gelingt, unsere Botschaft schnell, kurz und kompakt zu positionieren, verlieren wir unsere Zuhörer:innen. Bei komplexen Change-Prozessen gelingt die Übung der Verknappung und Konzentration nur sehr schwer. Unschlagbare Helfer sind dabei Emotionen, weil unser denkfaules Gehirn sie viel schneller und nachhaltiger verarbeitet als Informationen. Wenn wir Emotionen zusätzlich mit positiven Assoziationen verknüpfen, steigt die Chance, nachhaltig im Autopiloten zu verfangen, deutlich.

4. Attraktive Bilder erzeugen

Es zahlt sich aus, ein attraktives Zukunftsbild zu malen, das unabhängig von einem Zeithorizont wirkt. Entwerfen Sie für Ihre Zuhörer:innen also ein Bild über das Leben mit der Lösung nach dem Change oder mit den verschwundenen Problemen von davor. Dabei hilft die Wunderfrage, die Sie an Ihr Publikum richten: »Stellen Sie sich vor, es erscheint eine gute Fee und zaubert alle unsere Probleme über Nacht weg. Wie sieht dann der nächste Morgen aus?«

5. Wertschätzende Kommunikation und Empathie aufbauen

Jede Veränderung birgt für diejenigen, die Vertrautes hinter sich lassen müssen, eine narzisstische Kränkung in sich. Die Betroffenen sehen sich mit individuellen Verlustängsten oder der Infragestellung ihrer bisherigen Arbeit und gar Identität konfrontiert.

Die Führungskraft dagegen steht unter Zielerreichungsdruck, der manchmal sogar Rücksichtslosigkeit zu legitimieren scheint. Er äußert sich in Druck ausübenden Phrasen wie »Es ist 5 vor 12«, »Wir sitzen alle im selben Boot«. Bewusst ausgesprochene

Wertschätzung für vergangene Leistung und Empathie für die Perspektive der Betroffenen sind wirkmächtige Veränderungshebel, die auf die Unternehmenskultur einzahlen.

6. Querdenkende und Ja-aber-Sagende als heimliche Helfer einsetzen

Man muss nicht alle mitnehmen. Querdenkende und Ja-aber-Sagende müssen nicht überzeugt werden. Bis zu einem gewissen Grad sind sie in ihrem Widerstand sogar nützlich und validieren den Kern der Veränderungsbegründung. Auf Querdenkende kann man wunderbar mit Neugier und Empathie zugehen. Wichtig ist nur, sie nicht kaltblütig zu ignorieren und die Kommunikation mit ihnen nicht zu beenden. Nur wenn man im Dialog mit ihnen bleibt, erkennt und vermeidet man rechtzeitig toxische Widerstandsnester.

Ohne geht es nicht: Wertschätzung

In der Change-Kommunikation ist Wertschätzung erfolgsentscheidend. Schließlich ist es das Ziel, Veränderungen so zu kommunizieren, dass Mitarbeiter:innen und andere Beteiligte dafür zu gewinnen sind.

Aber gerade, wenn es um Change geht, vergessen viele Verantwortliche – aus Gründen wie Dringlichkeit, Zeitmangel –, dass dann Mitarbeiter:innen etwas sehr Wichtiges verlieren. Auf dem Altar der Veränderung wird nämlich, zumindest in Teilen, die Sicherheit geopfert, die die gewohnte Umgebung, vertraute Kolleg:innen und natürlich beherrschte Abläufe bieten.

In diesem TaschenGuide lernen Sie wirksame Methoden und Techniken kennen, die Ihnen helfen, unvermeidbare Change-Phänomene wie Widerstand, Verärgerung und – am schlimmsten – Frustration so gering wie möglich zu halten. Aber Techniken sind nur Techniken. Sie wirken nur, wenn sie mit der richtigen Einstellung, dem richtigen Mindset, angewendet werden. Wertschätzung spielt dabei *die* entscheidende Rolle, da sie das Vertrauen in die Organisation und deren Führungskräfte stärkt und die Motivation und das Engagement der Mitarbeiter:innen erhöht.

Respekt, Anerkennung und Wertschätzung – ähnlich, aber nicht das gleiche

Konkret bedeutet dies, dass Sie in der Veränderungskommunikation auf folgende **emotionale Dimensionen** achten sollten, die auf den ersten Blick recht ähnlich scheinen, sich aber wesentlich unterscheiden.

1. **Respekt** bezieht sich auf die Rolle, die Verantwortung und die Funktion, die Menschen in Unternehmen übernehmen. Das betrifft zum einen die Hierarchie, zum anderen die Funktion, die jemand ausübt. So kann man jemanden als Experten oder Expertin respektieren. Das bedeutet allerdings nicht, dass man diese Person auch mögen muss.
2. **Anerkennung** bezieht sich auf die einzelnen Leistungen, die Mitarbeiter:innen liefern und ist damit anlassbezogen. Es ist wichtig, diese Beiträge durch offen gezeigte Benennung

zu würdigen und damit anzuerkennen. Durch Anerkennung fühlen sich Mitarbeitende eher motiviert, aktiv am Veränderungsprozess teilzunehmen.

3. **Wertschätzung** zeigt sich durch die Haltung anderen gegenüber, im Wahrnehmen der Integrität der Persönlichkeit, im Trennen von individueller Leistung und persönlichem Wert. Jeder Mensch verdient zu jeder Zeit Wertschätzung. Damit ist diese Haltung gleichzeitig die stärkste Währung für das Vertrauenskonto. Mehr dazu im Kap. »Sicherheit, Vertrauen und Kommunikation«.

Egal, ob gerade eine Veränderung ansteht oder nicht: Achten Sie darauf, dass in Ihrem Verantwortungsbereich Wertschätzung nicht nur ein Lippenbekenntnis oder ein Schriftzug an der Wand ist, sondern von allen gelebt wird. Damit fördern Sie Ihre Change-Kommunikation.

Change, Transformation, Krise – alles dasselbe?

Change wird üblicherweise als eine begrenzte Phase verstanden, die einen Anfang und ein Ende hat und von A nach B führt. Also als linearer Weg von einer Routine in die nächste, ohne dabei die grundlegenden Muster und Haltungen zu berücksichtigen. Die Phasen dieses Wegs werden als **Unfreeze** (Vorbereitung), **Change** (Gestaltung), **Refreeze** (Festigung) beschrieben (vgl. Kurt Lewin, Change Management Model).

Während »Change« sich eher auf eine begrenzte Phase und Wirkungsfelder (Ablauf- und Aufbauorganisation) bezieht, umschließt »Transformation« auch Haltungen bzw. Kulturmuster und reicht mitunter bis zur Veränderung des Geschäftsmodells. Manchmal wird Transformation auch als Dauerzustand der Anpassung an sich permanent verändernde Verhältnisse beschrieben. Nach unserer Ansicht ist auch Change ein Dauer- statt ein Ausnahmezustand.

> In diesem TaschenGuide verwenden wir bewusst den Begriff »Change« in seiner umfassenden und gebräuchlichen Bedeutung als »Veränderung«, in der immer auch die Transformation inkludiert ist, da wir Veränderung des »Doing« ohne des »Being« für wirkungslos halten.

Sie haben sich bei der Überschrift oben gefragt, warum wir Krise, Change und Transformation in einem Atemzug nennen? Weil Veränderung immer auch den Abschied von Gewohntem und Sicherheit bedeutet, Mehraufwand verursacht und Scheitern oder Fehler wahrscheinlicher werden. Das werden die meisten als Krise erleben und auch so beschreiben.

Ohne Überwindungsstory keine Followers – ohne Überzeugungsstory kein Change

Egal ob Change, Transformation oder Krise – Expert:innen gehen davon aus, dass Menschen grundsätzlich veränderungsunwillig sind und sich erst dann bewegen, wenn es einen wirklich guten Grund für die Veränderung gibt oder es gar ernst wird. Wir möchten hier noch etwas differenzierter behaupten, dass nicht nur der Grund wichtig ist, um Menschen zum Change zu bewegen, sondern auch das klare Aufzeigen der Konsequenzen (am besten der persönlichen).

Krisen sind jedenfalls immer ein guter Grund, der auch gleich ein »Warum« liefert (»*Wenn wir uns heute nicht verändern, dann sind wir morgen tot*«). Zum Change zu motivieren ohne erkennbare Krise, ist schon viel schwieriger. Wenn es also keine Krise gibt, aber trotzdem Veränderung ansteht, muss erst recht der Change-Auslöser in eine gute Story gepackt werden, die nicht nur das Ziel, sondern am besten gleich das zu überwindende Problem mitliefert.

Nur auf diese Weise gelingt es, gleich in die Übung zu kommen und Veränderung als notwendigen und wesentlichen Bestandteil der Unternehmensentwicklung so zu verankern, dass sich auch individuelle Muster und Haltungen anpassen können. Wenn nämlich die Überwindungsstory nicht klar ist, entsteht ein Vakuum bei den Empfänger:innen der Change-Botschaft. Ihr Angsthirn beginnt dann selbst Geschichten zu erzählen, die sich schlimmstenfalls zu hartnäckigen Mythen und bestenfalls zu lästigen Gerüchten auswachsen.

Elemente einer guten Überzeugungsstory

Eine gute Überzeugungsstory muss die Lösung für ein gemeinsame Aufgabe liefern und den Weg dorthin klar aufzeigen. Vereinfacht gesagt, funktioniert der Aufbau einer solchen Story wie ein Elevator Pitch:

1. Erkläre das Problem und die Folgen.
2. Zeichne die wünschenswerte Zukunft.
3. Beschreibe die Lösung und den Weg dorthin.

Menschen sind nämlich nicht grundsätzlich gegen Veränderungen. Sie fürchten nur deren negativen Konsequenzen für sich selbst und ihre sozialen Beziehungen. Die Aufgabe gelingender Change-Kommunikation ist es, Sicherheit und Orientierung zu geben – nicht mehr und nicht weniger.

Beispiel: Obama versus Bundeskanzler Scholz

Die mitreißenden Reden von Barack Obama folgen immer dem oben genannten Elevator-Pitch-Aufbau. Bundeskanzler Scholz steckt dagegen in seiner Kommunikation meist im Erklärmuster fest, ohne das Zukunftsbild und den Weg mitzuliefern.

Wie Sie das zu überwindende Problem mit dem eigentlichen Change-Ziel so verknüpfen, dass Menschen angstfrei mitgehen, erfahren Sie im Kap. »Die Notwendigkeit von Kontext und Dialog«.

Die babylonische Sprachverwirrung

»Habe ich doch so gemeint …«, »Du weißt ja, was ich will …« Sätze wie diese sind in der Change-Kommunikation riskant, da ihnen meist Konflikte aufgrund unterschiedlicher Verständnishorizonte folgen. Es ist daher wichtig, dass alle Beteiligten die im Veränderungsprozess verwendeten Begriffe und Konzepte auf gleiche Weise verstehen. Dazu gehören insbesondere auch erklärungsbedürftige Wörter wie Strategie, Mission und Vision.

> Die Strategie gibt den Mitarbeiter:innen und anderen Beteiligten eine klare Vorstellung davon, was die Organisation erreichen will und wie sie es erreichen will. Mission und Vision helfen dabei, die Ziele und Werte der Organisation zu definieren und zu kommunizieren. Aber nur, wenn sie allesamt klar ausformuliert sind.

Sind solche Begriffe nicht eindeutig definiert und kommuniziert, kann das zu Missverständnissen und Verwirrung bei Mitarbeiter:innen führen. Die Gefahr ist dann groß, dass sie sich nicht ausreichend engagieren oder sogar gegen die Veränderungen arbeiten. Wir empfehlen daher, die Schlüsselbegriffe sorgfältig zu definieren und – je nach Komplexität – ein Change-Glossar zu erstellen, in dem die wichtigsten Begriffe erklärt und von anderen abgegrenzt werden. Fragen Sie lieber nochmals nach, statt »*Du weißt schon, was ich meine …*« zu sagen. So stellen Sie sicher, dass Sie richtig verstanden werden. Das wird gerade unter Druck gerne vernachlässigt, da es Zeit kostet und daher lästig scheint. Investieren Sie diese Zeit trotzdem. Es lohnt sich.

Typische Phänomene im Change

»Prognosen sind schwierig, besonders wenn sie die Zukunft betreffen.« Diese Erkenntnis wird gleich drei berühmten Persönlichkeiten zugeschrieben: Mark Twain, Karl Valentin, Niels Bohr. Dass sie zutrifft, erleben wir täglich. So vor allem auch beim Change-Management, denn Veränderungsprozesse vollziehen sich meist nicht linear, sondern eher systemisch und komplex. Es gibt viele Faktoren, die die Umsetzung beeinflussen, und es ist erfolgsentscheidend, sie zu berücksichtigen. Wir haben zahllose mehrseitige Planungsdokumente gesehen, die zwar Aufsichtsräte und andere Auftraggeber:innen beruhigten, aber am Ende so realitätsnah waren wie die Abenteuer von Harry Potter. Wichtiger als detaillierte Pläne für die nächsten drei Jahre sind andere Aspekte:

- Klarheit über das Change-Ziel und den Mehrwert.
- Leitplanken für die Veränderung.
- Klare Vorgehensweisen zu Beginn, Großzügigkeit bei der Methodik (nicht bei der Zielsetzung) im weiteren Verlauf.
- Bereitschaft, die eigene Planung infrage zu stellen.

In den folgenden Kapiteln geht es um die wesentlichen Elemente und Phänomene, mit denen Sie es bei Veränderungsprojekten zu tun haben werden und die das Spielfeld definieren, in dem Ihr Change-Management ausgetragen wird.

In der Krise gibt es keine Zeit für Pläne!

Vermutlich haben Sie schon vom Begriff »Ambidextrie« gehört, der für die Fähigkeit steht, unterschiedlichen Aufgaben gleichermaßen Rechnung zu tragen. Seine Bedeutung erleben wir in Krisen sehr deutlich: Während wir einerseits Entscheidungen unter hohem Druck fällen müssen, braucht es andererseits eine Ausrichtung und Menschen, die dieser Ausrichtung folgen. Anders gesagt: Sie benötigen eine Strategie, eine Change-Vision, ein klares Verständnis vom Change-Mehrwert und den Mut, Entscheidungen auch unter ungünstigen oder unklaren Rahmenbedingungen zu treffen. Und dann? Dann geht es um die wirksame Vermittlung an jene, die Ihnen folgen soll(t)en. Um diese Herausforderung erfolgreich zu meistern, helfen agile Tools und Methoden mehr als eine minutiöse Planung. Dennoch: Ohne Plan und Konzept, ohne Vorbereitung eine Veränderung anzugehen, egal ob man die Hauptverantwortung trägt oder nur ein kleines Team führt, empfehlen wir entschieden nicht. Das gilt vor allem für die Change-Kommunikation. Die Fälle, in denen unbedachte Äußerungen von Verantwortlichen zu Desastern führten, sind Legende. Beispiele finden Sie in Kap. »Typische Phänomene im Change«.

Change-Kommunikation ist kein Improvisationstheater. Stegreifaussagen zu kritischen Unternehmensthemen haben sich nicht bewährt. Daher: Kommunikation in Veränderungsphasen oder in Krisen sollte wohl bedacht und vorbereitet sein. Im Kap. »So gelingt Change-Kommunikation« stellen wir Ihnen Methoden und Tools dafür vor.

Time is critical – Nähe ist alles

Change- und Krisenkommunikation unterscheiden sich im Wesentlichen durch den Faktor Zeit. Während es in der Krisenkommunikation darum geht, schnell Schaden abzuwenden und die Reputation des Unternehmens zu schützen, ist es das Ziel der Veränderungskommunikation, den Übergang von Alt zu Neu abzusichern. In beiden Fällen kommt Kommunikation die Aufgabe zu, Vertrauen und Sicherheit zu schaffen und Orientierung zu bieten.

Manchmal kann gute Krisenkommunikation der entscheidende Impuls für Change sein, weil sie zusätzliche Vertrauensanker setzt. Das Gegenteil – schlechte Krisenkommunikation – kann schnell die beste Change-Strategie vernichten, wie 2015 beim Volkswagen Dieselgate Fiasko offensichtlich wurde.

Beispiel: Dieselgate

VW-Chef Martin Winterkorn kommunizierte zwar rasch. Er versprach nur wenige Stunden nach Bekanntwerden des Dieselskandals via Video, die Angelegenheit »schnell, gründlich und transparent« aufzuklären. Ebenso schnell, nur zwei Tage später, war der Mann bei VW Geschichte.

Change-Kommunikation braucht einen Plan, der Bedeutung und Umfang des Vorhabens in zeitnahe, relevante und konsistente Informationen packt. Einen Plan, der Maßnahmen bereitstellt und damit auch Gelegenheit für Reflexion und Feedback schafft.

Unabhängig vom Anlass selbst (Fusion, Führungswechsel, Strategieprogramm, Mitarbeiterabbau etc.) sollte sich die Kommunikation zeitlich und inhaltlich entlang dieser vier Change-Phasen aufbauen:

1. **Bewusstsein**: Diese Awareness-Phase muss sehr sorgfältig vorbereitet werden. Es geht hier um die Qualität der Botschaften, die Rechtzeitigkeit ihrer Sendung, die Einbindung und Personalisierung, aber auch um die sorgfältige Auswahl der Kanäle. Widerstand und Ängste, die in dieser ersten Phase nicht einkalkuliert und gut aufgefangen werden, sind später Sand im Getriebe.

2. **Verstehen**: Das Kommunizieren des Was, Warum, Wie, Wann, Wer ist in dieser Phase besonders wichtig, um die Rollen klar zu definieren und die persönliche Betroffenheit (»Was bedeutet das für mich?«) in Vorteile und positive Angebote zu übersetzen.
3. **Akzeptanz**: In dieser Phase handeln zwar idealerweise alle nach Plan. Gleichwohl muss dieser mit der schnöden Realität im Arbeitsalltag besonders engmaschig abgeglichen werden. Jetzt sind Nähe und Feedback als Führungsaufgaben gefragt. Am besten eignen sich hier Austausch- und Reflexionsformate, die als Mini-Habits in den Alltag eingebaut werden.
4. **Commitment**: Ist die Veränderung akzeptiert, bedeutet das noch lange nicht das Ende der Kommunikationsarbeit. Jetzt erst öffnet sich die Chance für einen Wandel im Denken und Handeln der beteiligten Personen. Silos können aufgebrochen werden, ein kollektives Bewusstsein (Shared Consciousness) entsteht, das wechselseitige Verständnis für Standpunkte erhöht sich und gemeinsame Entwicklungsschritte werden beschleunigt. Diese Phase muss gut moderiert und begleitet werden.

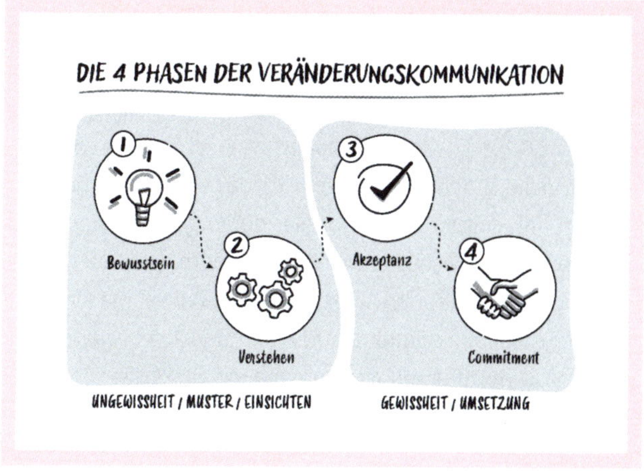

Collaboration und Co-Creation sind hervorragende Instrumente, die Zusammenarbeit neu zu organisieren und Veränderungsinitiativen zu festigen.

Das verbindende Element: Vertrauen

Das verbindende Element, gewissermaßen der Treibstoff im Change, ist Vertrauen. Warum? Weil wir vertrauen müssen, um uns sicher zu fühlen und zu funktionieren. Die Kommunikation hat jetzt die Aufgabe, Erwartungshaltungen und vermutete Haltungen zwischen Sendenden und Empfänger:Innen zu synchronisieren. Der Wechsel von unbegründeten, aber altbekannten Sicherheiten in eine begründete, aber zunächst nicht bekannte Unsicherheit muss kommunikativ begleitet werden, damit am Ende neue Sicherheiten mit Fundament entstehen.

Transformation hält, was Change verspricht

Veränderung ist heute ein Dauerzustand und daher vielmehr Transformation als Change (siehe bereits Kap. »Change, Transformation, Krise«). Während Change als Wechselspiel von einer Routine in die andere verstanden wird, das uns dazwischen eine Pause gönnt, sollten wir uns besser daran gewöhnen, dass es keine Pausen dazwischen mehr gibt, sondern Veränderung unser ständiger Begleiter im Alltag bleibt. Deshalb sollte eine ausgesprochene, gut inszenierte und kommunikativ begleitete Change-Phase im Unternehmen immer auch als Resilienz-Booster betrachtet werden. In solchen Phasen die adaptive Intelligenz der Organisation zu stärken und Anpassungsfähigkeit als neue Schlüsselkompetenz zu triggern, ist die wahre Meisterleistung. Die Wandlung vom »Stress of constant Change« in proaktive Anpassungsfähigkeit macht uns als Individuen und Organisation insgesamt flexibler, kreativer und offener für Veränderungen.

Wir kommen vom Denken über das Fühlen zu dem, was wir eigentlich erreichen wollen: Handeln. Am besten wir halten gleich am Beginn der Change-Kurve gezielt Ausschau nach Unterstützer:innen mit einem hohen »Anpassungsfähigkeitsquotienten« (vgl. Carl Naughton, AQ: Warum Anpassungsfähigkeit die wichtigste Zukunftskompetenz ist, GABAL). Sie sind die besten Helfer:innen und tragen wesentlich zu einer glaubwürdigen Change Story bei, weil sie schneller ins Handeln kommen. Am höchsten ist das Risiko nämlich immer in der heiklen Phase zwischen bewusster Wahrnehmung und Verstehen: Sie bietet Raum für die subtilen Feinde des Change (Bewahrer, Schwellenhüterinnen,

Ja-aber-Sagende). Umso wichtiger sind jetzt Helferinnen, Mentoren und Unterstützerinnen. Durch sie minimieren wir automatisch das Change-Risiko im Gesamtverlauf.

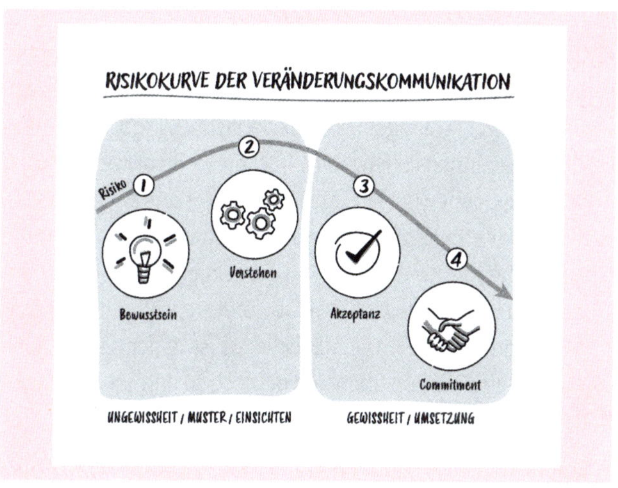

Kommunikationskultur: das Spielfeld des Change

»*Ganz ehrlich …*«, »*Offen gesagt …*«. Bedeuten solche Einleitungen, dass die anderen Botschaften nicht »ganz ehrlich« waren? Und was sagen solche Intros über die Kommunikationskultur aus? Die Drehscheibe, die über Gelingen oder Misslingen von Veränderungsprozessen entscheidet, ist die Kommunikationskultur. Hier nur einige Kriterien, die Elemente einer unterstützenden Kommunikationskultur in Change-Prozessen sind: Entscheidend ist eine offene und transparente Kommunikation, durch die alle Beteiligten informiert und involviert werden. Führungskräfte geben regelmäßig Updates und Feedback. Es gibt ausreichend Gelegenheiten für Mitarbeiter:innen, ihre Meinungen und Bedenken zu teilen.

- **Klare Ansagen**: Oft wird versucht, sich mit vagen Formulierungen und ausweichenden Antworten durch den Konfliktdschungel zu schlängeln. Das schädliche Mindset dahinter: Mitarbeiter:innen sollen nicht checken, wenn etwas im Busch lauert. Leider bewirkt ein solcher Schlingerkurs genau das Gegenteil. Mitarbeiter:innen werden misstrauisch. Unklare und ausweichende Kommunikation sorgt dafür, dass Unternehmensbotschaften jegliche Glaubwürdigkeit einbüßen. Stattdessen brodelt die Gerüchteküche. Es ist daher besser, auch unpopuläre Themen offen und deutlich zu adressieren, bevor sie über den Flurfunk dramatisiert werden.
- **Empathie**: Widerstand hat immer einen Grund. Eine empathische Haltung ist die Grundlage, Widerstände bei Veränderungsprozessen zu verstehen und, wenn möglich, aufzulösen. Mitarbeiter:innen sollten ermutigt werden, aktiv zuzuhören und andere Meinungen und Perspektiven zu berücksichtigen. Jede:r sollte das Recht haben, sich frei und offen zu äußern, ohne verurteilt zu werden.
- **Positive Konfliktbewältigung:** Konflikte können in jeder Organisation auftreten. Bleiben sie unbearbeitet, schwelen sie im Untergrund weiter und verstärken sich immer mehr. Daher ist es wichtig, sie offen anzusprechen und direkt mit den Betroffenen zeitnah zu lösen.

- **Wertschätzung**: Mangelt es an Wertschätzung, fehlt es an der Basis für die vier erwähnten Kriterien einer guten Kommunikationskultur. Sie ist daher die wichtigste Währung einer konstruktiven Beziehungs- und Kommunikationskultur.

Wer das Spiel bestimmt, gewinnt

Leider gilt in der Kommunikation das Prinzip: Der ersten Botschaft schenkt man tendenziell mehr Glauben. Selbst bei offensichtlichen Inkonsistenzen wirft sie zumindest Fragen auf.

Im Film »Die Wahlkämpferin« (Originaltitel: »Our Brand is Crisis«) spielt Sandra Bullock eine Kommunikationsexpertin für Politiker. Den Gegenkandidaten ihres Klienten schwärzt sie an, ein Faschist zu sein. Ihr Kollege erwidert, dass das eine Lüge sei – sie antwortet darauf: »Ich will hören, dass er das dementiert!«

Bullock brachte die Gegenseite mit ihrer Behauptung in eine missliche Lage: Hätte diese nichts getan, hätte sich jeder gewundert, dass es keine entschiedene Gegenreaktion gibt, und vermutet, dass an dem Vorwurf doch was dran sein könnte. Doch auch das Dementieren schwächte automatisch die eigene Position. Im Verhandeln gilt ebenso wie in Diskussionen: Wer sich rechtfertigen muss, ist stets im Nachteil.

Was bedeutet das alles für Change-Projekte? Häufig wird man dabei recht bald mit folgender Frage konfrontiert: »*Wird es einen Stellenabbau geben?*« Was antworten Sie darauf, vor allem, wenn es noch unklar ist? Wie gehen Sie mit anderen kritischen Fragen um, wie zum Beispiel: Wird es zur Schließung von Standorten kommen? Wird der neue Eigentümer unsere Kultur zerstören? In solchen Situationen ist es unabdingbar wichtig, dass Sie bei Ihrer Change-Kommunikation das Ruder in der Hand halten und nicht nur darauf achten, *was wie* gesagt wird, sondern auch *von wem* und besonders *wann*. Viele Fragestellungen sind vorhersehbar. Da gilt es, schlüssige Antworten vorzubereiten, um nicht zu Stegreifaussagen gezwungen zu werden.

Eines sollten Sie jedoch nie tun: Lügen oder Täuschungen inszenieren oder versuchen, sich an heiklen Themen vorbeizuschummeln. Auf jeden Fall sollten die Grundlagen einer guten Kommunikationskultur die Rahmenbedingungen für Ihre Change- und Krisenkommunikation sein.

Strategische Vorbereitung hilft Ihnen vor allem bei einem Thema: Sie bleiben die Person, die den Takt bestimmt und dafür sorgt, dass die von Ihnen geplante Storyline eingehalten werden kann und so die Wirkung entfaltet, die Sie erzielen wollten.

Kultur ist Kommunikation und Handeln

Welche wichtige Rolle Kommunikation als auch Handeln bei der Gestaltung der Kultur spielen, wird anhand des folgenden Beispiels deutlich: Höflichkeit ist in allen Kulturen ein wesentlicher Bestandteil funktionierender Kommunikation. In Japan wird sie durch besonders differenzierte Sprache, Gesten und Umgangsformen vermittelt.

Das Konzept der Höflichkeit zeigt sich nicht nur in der Kommunikation, sondern auch in alltäglichen Handlungen, wie der Verbeugung zur Begrüßung oder dem Ausziehen der Schuhe vor dem Betreten einer Wohnung. Diese Handlungen verkörpern die Werte Respekt, Harmonie und Rücksichtnahme auf andere, die für die japanische Kultur von zentraler Bedeutung sind.

Das zeigt: Kommunikation und Handeln wirken zusammen, um die kulturelle Identität zu definieren und zu stärken. Die Kommunikation trägt dazu bei, das Wissen und die Werte, die mit einer bestimmten kulturellen Praxis verbunden sind, zu vermitteln, während das Handeln diese Werte und Normen in konkrete Verhaltensweisen und Erfahrungen umsetzt, die die kulturelle Identität formen und bewahren.

Erfolgsrelevante und schädliche Kulturelemente

Prinzipien wie diese lassen sich auch auf Unternehmen übertragen. Auch dort gibt es kulturrelevantes Handeln und Kommunizieren.

Beispiel: Kulturrelevantes Handeln und Kommunizieren

In einem Unternehmen werden Leistungen stets zuverlässig erbracht. Wenn etwas vereinbart wird, gilt es auch ohne Vertrag, der Handschlag zählt. Gleichzeitig wird in diesem Unternehmen häufig herablassend über andere gesprochen. Natürlich nur hinter deren Rücken. Gute Leistungen werden kaum erwähnt, Erfolg anderer wird mit Glück, Zufall oder Protektion erklärt. Es gibt also in diesem Unternehmen sowohl erfolgsrelevante als auch schädliche Kulturelemente.

Übertragen auf die Planung und Ausführung Ihrer Change-Kommunikation bedeutet das:

- Wählen Sie die Wort- und Bildsprache so, dass sie der erfolgsrelevanten Kultur des Unternehmens entspricht (siehe oben).
- Achten Sie darauf, dass die Inhalte Ihrer Change-Kommunikation immer auch mit konkreten Handlungen verknüpft sind.
- Weisen Sie in Ihrer Change-Kommunikation auf bereits erzielte Erfolge hin. Damit steigern Sie die Glaubwürdigkeit und erhöhen die generelle Wirksamkeit

Die verordnete Kultur

»*Wir vertrauen einander!*« Ein Postulat wie dieses fand man bei einer zufälligen Abfrage so oder so ähnlich formuliert in 96 von 100 Unternehmensleitbildern (eigene Studie). Vertrauen ist gemeinhin ein Gefühl, das eine Person einer anderen oder einer Gruppe von Menschen entgegenbringt. Das wirft die Frage auf, inwieweit sich ein Gefühl per Dekret verordnen lässt. Sie könnten auch schreiben: »Alle lieben den Vorstand …« Außer in Nordkorea wird das vermutlich keine große Wirkung hervorrufen. Um eine Unternehmenskultur zu gestalten, braucht es etwas anderes: einen strategischen und pragmatischen Ansatz, der verschiedene Methoden umfasst. Hier eine exemplarische Auswahl an Methoden, wie Sie Ihre Unternehmenskultur entwickeln können.

- **Vorbildliche Führung**: Führungskräfte spielen eine entscheidende Rolle bei der Etablierung und Ausgestaltung der gewünschten Unternehmenskultur. Sie sollten selbst die Werte,

Verhaltensweisen und Einstellungen verkörpern, die sie ihren Mitarbeiter:innen vermitteln wollen. Indem sie mit gutem Beispiel vorangehen, können sie die Denkweise und das Handeln ihrer Teams beeinflussen.

- **Klare Kommunikation von Werten, der Vision und Mission**: Vermitteln Sie Ihren Mitarbeiter:innen die Werte, die Vision und die Mission des Unternehmens klar und deutlich. Dies kann durch interne Kommunikation, Besprechungen und durch die Aufnahme der Werte in die Markenidentität des Unternehmens geschehen. Wenn Sie sicherstellen, dass die Mitarbeiter:innen den Zweck und die Ziele des Unternehmens verstehen, können Sie ihr Verhalten auf die gewünschte Kultur abstimmen.
- **Einstellung und Onboarding**: Wählen Sie bei der Neubesetzung von Stellen Kandidat:innen aus, die mit den Werten und kulturellen Erwartungen des Unternehmens übereinstimmen. Betonen Sie während des Einarbeitungsprozesses die Bedeutung der gewünschten Kultur und stellen Sie neuen Mitarbeiter:innen die erforderlichen Instrumente und Ressourcen zur Verfügung, damit sie sich diese zu eigen machen können.
- **Schulung und Entwicklung**: Führen Sie kontinuierliche Schulungs- und Entwicklungsprogramme ein, um die Werte und kulturellen Erwartungen des Unternehmens zu stärken. Dazu können Workshops, Seminare oder E-Learning-Module gehören, die sich auf Kommunikation, Teamarbeit oder andere für die gewünschte Kultur relevante Fähigkeiten konzentrieren.

- **Engagement der Mitarbeiter**: Fördern Sie das Gefühl der Eigenverantwortung und des Engagements. Ermutigen Sie Ihre Mitarbeiter:innen, sich an Entscheidungsprozessen und Unternehmensinitiativen zu beteiligen. Wenn sich Menschen wertgeschätzt fühlen, sind sie eher bereit, die gewünschte Kultur zu übernehmen und zu fördern.

Kultur entsteht nicht von heute auf morgen

Bedenken Sie, dass kultureller Wandel Zeit, Engagement und Konsequenz erfordert, um die gewünschten Ergebnisse zu erzielen. Wir empfehlen Unternehmen daher, Change-begünstigende Elemente grundsätzlich in ihrer Kultur zu verankern, damit sie auf diese bauen können, wenn es um Veränderung geht.

> Kultur lässt sich nicht verordnen, sondern nur vorleben und begünstigen. Das braucht Zeit und Konsequenz. Achten Sie deshalb von Anfang an auf das Stärken einer Kultur, die Change begünstigt.

Siamesische Zwillinge: Kultur und Kommunikation

Wenn wir wissen wollen, wie unsere Kund:innen und Mitarbeiter:innen über unser Unternehmen denken, nutzen wir für gewöhnlich Instrumente der »Vermessung« (Kundenzufriedenheitsanalysen, Mitarbeiterbefragungen etc.). Vermessen wird, ob Erfahrung und Erwartung miteinander im Einklang sind. Unterstellt wird, dass man bei unerwünschten Abweichungen an den Stellschrauben dreht und alles wird gut. Wenn Erfahrung und Erwartung nicht allzu sehr auseinander driften, ist die Welt auch einigermaßen in Ordnung.

Bedauerlicherweise ist Change immer auch ein Ausnahmezustand, der sich jeder Vermessung entzieht bzw. in dem dafür keine Zeit bleibt und in dem sich Erwartungshorizont und Erfahrungsebene sehr schnell entkoppeln. Dann zum Beispiel, wenn das Kommunizierte mit dem Erlebten nicht im Einklang steht. Wertesysteme kippen in Krisen besonders schnell und werden rasch durch individuelle oder kollektive Bedürfnisse ersetzt. Deshalb funktionieren die besten Wertekataloge in der Krise nicht.

Beispiel:

Wenn ein 40.000 Mitarbeiter:innen starker Großkonzern zeitgleich mit einem Strategieprogramm, das Einsparungen und Prozessoptimierung verfolgt, ein Kulturprogramm mit dem Namen »Wir vor Ich« startet, und weder das eine noch das andere greift, fehlt die emotionale Passung zwischen Vertrauen, Erfahrung und Erwartung.

Schon mehr Verlass ist da auf Kultur – eine sehr intelligente und sinnvolle Erfindung der Menschheit, um mit Komplexität in der Realität umzugehen und nicht daran zu scheitern.

Kultur ist deshalb so praktisch, weil sie identitätsstiftend ist, sowohl für das Individuum als auch für die Organisation. Seit Peter Drucker (»Culture eats strategy for breakfast") wissen wir aber auch, dass Kultur der größte Feind von Veränderung sein kann. Kultur ist nicht verhandelbar, nicht delegierbar und auch nicht verordenbar. Sie eignet sich auch nicht als Projekt. Sie ist einfach da.

Technisch orientierte Organisationen sind meist von einem hierarchisch-mechanistisch-funktionalen Erbe geprägt und nutzen vornehmlich Rationalität zur Komplexitätsbewältigung. Das macht auch durchaus Sinn. Allerdings gelangt diese Rationalität bei Change-Prozessen an ihre Grenzen. Um das Vertrauen der Mitarbeiter:innen zu gewinnen, braucht es etwas anderes als Sachlichkeit. Vertrauen heißt in der Welt der Kommunikation, der Werbung und des Marketings: Emotion. Emotion hat nämlich einen entscheidenden Vorteil: Sie ist immer schneller als Information. **Emotion ist also immer die bessere Information.**

Die gute Nachricht ist, Emotionalisierung ist immer möglich. Allerdings gibt es einen Haken: Wir müssen dafür ein wenig ins Risiko gehen. Wir müssen nämlich bereit sein, ein Beziehungsrisiko einzugehen – mit unseren Mitarbeiter:innen und mit unseren Kund:innen. Es genügt schon lange nicht mehr, passiv darauf zu warten, dass Vertrauen wächst. Vertrauen muss aktiv kommuniziert werden – mit dem entscheidenden Risiko, dass enttäuschtes Vertrauen ein Debakel provoziert, das in der heutigen Kommunikationswelt schnell zum Shitstorm geraten kann und der Beziehung schadet.

> Vorsicht beim Naming des Change-Programms: Ein uninspirierter und nicht sorgfältig und auf die Kultur der Organisation abgestimmter Fantasiename wie »SpeedUp«, »Restart2030«, »Nordstern«, »RoadMap2030« läuft schnell Gefahr, abgehoben und abstrakt herüberzukommen. Die Followers bleiben so garantiert aus. Ein Gegenbeispiel: In Harvard, immerhin einer nicht unbedeutenden Ausbildungsstätte von weltweit agierenden – und relativ häufig erfolgreichen – Führungskräften, heißt das Credo: »Trau dich doch« (im Englischen: «Break the rules«).

Kultur und Kommunikation sind auch deshalb und gerade im Change untrennbar miteinander verbunden, weil sie sich verstärkt über bestimmte Codes manifestieren, die tief im kollektiven Unterbewusstsein des Unternehmens verankert sind. Sogenannte Archetypen sind Urbilder, Urfiguren, die über Generationen und Kulturen hinweg immer die gleichen Emotionen auslösen. Wenn die Change Story nicht auch die unternehmenseigenen Archetypen und kulturellen Codes berücksichtigt, wird es (unnötig) schwieriger (siehe dazu auch Kap. »Vom Skeptiker zum Follower«).

Warum es keine Unterschiede zwischen interner und externer Kommunikation geben darf

Richtig kommunizieren beinhaltet, das Heft selbst in die Hand zu nehmen, Leistung zu veranschaulichen, begreifbar zu machen und zu inszenieren. Wenn wir als Unternehmen »kommunizieren«, dann geht es nicht nur darum, Botschaften und Informationen zu verbreiten. Ziel ist es, das öffentliche Bild einzufangen und es im Gleichklang mit der Realität zu formen.

Dabei gibt es keine Unterschiede mehr zwischen interner und externer Kommunikation. Im Digitalzeitalter sind diese Grenzen ohnehin fluide. Ein twitternder Mitarbeiter kann unter Umständen mehr bewirken als ein offizieller Facebook-Post des Unternehmens selbst. Dass wir das, was über unser Unternehmen gesagt, berichtet und gepostet wird, steuern – oder gar kontrollieren – können, funktioniert heutzutage nicht mehr. Was wir aber können, ist, den Dialog mit und um unser Unternehmen zu organisieren. Und dazu sind insbesondere die Sozialen Medien durchaus hilfreich – vorausgesetzt, sie werden richtig eingesetzt.

Menschen orientieren sich an Menschen. Der Dialog zwischen Menschen, die einander in das Gesicht sehen, ist noch immer die stärkste Interaktionsform schlechthin. Wir tun daher sehr gut daran, frühzeitig solche Mitarbeiter:innen zu animieren und zu unterstützen, die sich als Botschafter:innen des Unternehmens verstehen und auch so auftreten. Mitarbeiter:innen wollen mehr als »nur« Job und Gehalt. Sie verlangen nachvollziehbare Entscheidungen. Sie wollen verstehen, wofür ihr Arbeitgeber steht. Dies können sie aber nur, wenn sie die Ziele des Unternehmens kennen und seine Probleme verstehen. Eine sichere Bank ist daher, abstrakte Botschaften so aufzubereiten, dass sie einfach und schnell übersetzt werden können.

Wie es gut funktioniert: Erfolgsbeispiele

- Wie es gehen kann, zeigt uns auch **HORNBACH**: Im heiß umkämpften Heimwerkermarkt steht diese Marke schon lange nicht mehr nur für Werkzeug, Schrauben und Nägel, sondern für ein Lebensgefühl, für eine Haltung. Keiner trifft den Nerv der Heimwerker so gut wie der Projekt-Baumarkt: »Es gibt immer was zu tun. Mach es zu Deinem Projekt!« Eine geniale Botschaft, die nach innen wie nach außen wirkt. Und damit hat HORNBACH etwas, was die Konkurrenz nicht hat: Eine Geschichte, ein Narrativ, eine Markenmission, ein Projekt, das man anpacken will, dem Online-Handel zum Trotz.

- Auch die **Österreichischen Bundesbahnen ÖBB** entschieden sich 2011 für einen dialogischen Change-Kommunikationsstil, der bewusst von außen nach innen wirken sollte. Dialog war die Botschaft der erfolgreichen Werbekampagne mit zwei Kabarettisten, die prototypisch die damalige Stimmungslage in der Öffentlichkeit und im Unternehmen humoristisch nachspielten. Der Zweifler und Nörgler im Gespräch mit dem Optimisten. Der Kampagnen-Claim war programmatisch: »Jetzt kommt Bewegung rein«. Er begleitete die Unternehmenskommunikation im Change-Verlauf ganze vier Jahre lang.

So besser nicht!

Wie fatal das Fehlen von Kommunikationssensibilität im Change sein kann, zeigt ein aktuelles Beispiel: Salesforce, dessen CEO Marc Benioff im Silicon Valley bekannt für seine Abhandlungen zu »einfühlsamem Kapitalismus« ist, kündigte den Rauswurf von 8.000 Mitarbeiter:innen an und schloss gleichzeitig einen Werbevertrag mit dem Schauspieler Matthew McConaughey über 10 Millionen US-Dollar ab.

Ebenso unsensibel: Die Kryptobörse Bitpanda startete im März 2022 eine Employerbrand-Offensive unter anderem mit der Ankündigung »unbegrenzter Urlaub«. Nur drei Monate später wurde das für hunderte Mitarbeiter:innen bereits Realität: Das Unternehmen musste rund einem Drittel seiner Belegschaft kündigen.

Krise verlangt Nähe

Was würden Sie tun, wenn in Ihrer Familie große Veränderungen anstehen? Positive wie kritische? Würden Sie Ihre Kinder auffordern, nur mehr im eigenen Zimmer zu verweilen, mit ernster Miene Ihrem Partner bedeutungsvolle Blicke zuwerfen und sich dann mit einer für alle anderen fremden Person wegsperren, um auf Flipchart und Whiteboard die nächste und die fernere Zukunft Ihres Familiensystems zu entwerfen? Dass unter solchen Umständen die Begleitbotschaft »*Macht euch keine Sorgen, es ist alles in Ordnung!*«, nicht sehr glaubwürdig klänge, wäre nicht verwunderlich.

Nein. Vermutlich werden Sie dafür sorgen, für Ihre Familie verfügbar zu sein. Sie werden den Kontakt suchen, möglicherweise mehr als sonst, und durch Ihre Präsenz und häufigen Dialog danach streben, Sicherheit zu vermitteln. Denn – dazu reicht die Aktivierung des gesunden Menschenverstands – in der Krise, genauso wie in Zeiten von Veränderungen, brauchen wir Nähe und Kontakt, um das Vertrauen nicht zu verlieren und uns weitgehend sicher zu fühlen.

Erstaunlicherweise sieht die Realität bei Change in vielen Unternehmen aber genauso wie oben beschrieben aus: Berater:innen und Management entschwinden in Besprechungsräumen und auf den Gängen regiert der Flurfunk.

Was Krisen mit uns machen – ein kleiner Ausflug in die Neurowissenschaft

Krisen und Stress haben häufig tiefgreifende Auswirkungen auf unser psychologisches und physiologisches Wohlbefinden und damit auf unsere Belastbarkeit sowie Leistungsfähigkeit. Klar, jeder reagiert anders, zeigt unterschiedliche Reaktionsmuster auf Stress. Dennoch gibt es auf Basis neurowissenschaftlicher Erkenntnisse über Stress, Veränderung und Ungewissheit mehrere wichtige Aspekte, die uns alle betreffen. Hier eine komprimierte Auswahl.

Aktivierung des Stressreaktionssystems

Bei Stress werden die Hypothalamus-Hypophysen-Nebennieren-Achse (HPA) und das sympathische Nervensystem (SNS) aktiviert. Diese Systeme setzen Hormone wie Cortisol und Adrenalin frei, die den Körper auf eine Kampf- oder Fluchtreaktion vorbereiten.

Auswirkungen auf das Gehirn

Chronischer Stress kann zu strukturellen und funktionellen Veränderungen des Gehirns führen. Er kann etwa den Hippocampus, eine Region, die für Lernen und Gedächtnis zuständig ist, negativ beeinflussen, was Gedächtnis und kognitive Leistung beeinträchtigt. Auch der präfrontale Kortex, der für exekutive Funktionen wie Entscheidungsfindung und emotionale Regulierung zuständig ist, kann durch Dauerstress beeinträchtigt werden, was in Schwierigkeiten bei der Problemlösung und der emotionalen Kontrolle resultiert.

Emotionale und kognitive Auswirkungen

Stress kann eine Reihe von Emotionen auslösen, darunter Angst und Traurigkeit. Sie können unsere Entscheidungsfähigkeit und kognitiven Funktionen wie Aufmerksamkeit und Arbeitsgedächtnis beeinträchtigen. Die Amygdala, eine Hirnregion, die für die Verarbeitung von Emotionen zuständig ist, wird bei Stress hyperaktiv, was emotionale Reaktionen verschlimmern und eine effektive Emotionsregulierung erschweren kann.

Bewältigungsmechanismen

Stressige Situationen zwingen uns oft dazu, uns anzupassen und Bewältigungsstrategien zu entwickeln. Im positiven Fall lernen wir daraus und wachsen daran, werden widerstandsfähiger und entwickeln neue Fähigkeiten. Allerdings können sich auch destruktive Bewältigungsstrategien manifestieren, so z. B. Flucht in Ablenkung, Alkohol und andere Drogen oder Überkompensation wie übersteigerte Aggression oder Selbstausbeutung bis zum Burnout.

Sicherheit, Vertrauen und Kommunikation

Es wird Sie nicht überraschen: Sicherheit und Kommunikation spielen bei der Bewältigung von Veränderungssituationen eine entscheidende Rolle. Dabei geht es um folgende Aspekte.

Das Gefühl der Stabilität

Sicherheit, ob physische oder psychologische, vermittelt ein Gefühl der Stabilität während des Wandels. Sie ermöglicht es den Beteiligten, sich ohne übermäßige Sorgen oder Ängste auf die Anpassung an die neuen Umstände zu konzentrieren. Die Sicherstellung der Grundbedürfnisse und die Schaffung eines unterstützenden Umfelds können zu einem Gefühl der Sicherheit während des Wandels beitragen.

Vertrauensbildung

Sicherheit ist eine wesentliche Voraussetzung, um Vertrauen zwischen Einzelpersonen, Teams oder Organisationen aufzubauen bzw. zu erhalten. Wenn Menschen sich sicher fühlen, vertrauen sie eher dem Prozess und denjenigen, die den Wandel leiten. Vertrauen fördert eine kollaborative Atmosphäre, die eine offene Kommunikation erleichtert und eine positive Einstellung zum Wandel unterstützt.

Risikomanagement

Ja, Veränderung ist immer auch mit Risiken verbunden. Bisweilen fühlen sich Menschen durch Wandel sogar bedroht. Der wesentliche Unterschied zwischen Risiko und Bedrohung ist, wie konkret die Betroffenen die Auswirkungen einschätzen können und wie hoch der Anteil des eigenen Gestaltungsspielraums ist. Um ein berechtigtes und damit authentisches Sicherheitsgefühl zu stärken, hilft eine rationale Bewertung tatsächlicher Risiken und eine direkte und offene Kommunikation dazu. Dass Change ohne Kommunikation nicht funktioniert, haben wir mehrfach ausgeführt. Vor allem, wenn es um Sicherheit geht, ist ein enger Kontakt zwischen den Beteiligten – intensiverer Austausch und höhere Frequenz – unerlässlich. Mehr dazu im nächsten Kapitel.

Die Notwendigkeit von Kontext und Dialog

Wir sprechen ständig und viel über Kennzahlen, Strategie und Prozesse, nur niemals über die Menschen, die davon betroffen sind. Letztlich entscheidend sind jedoch nicht die FTEs, Kostenträger, KPIs, sondern nur Julia, Johann und James.

Die Change-Botschaft als Angebot

Die Change-Botschaft muss daher zunächst als Angebot an die Beteiligten formuliert werden und eben nicht als 50-seitiges PowerPoint-Slidedeck in winziger Schrift und Text daherkommen.

Ein gutes Angebot nehmen wir eher an. Vor allem dann, wenn wir noch genügend eigenen Spielraum sehen, der unsere persönlichen Werte und Erfahrungen berücksichtigt. Etwas Neues also zu etwas selbst Gewolltem umzubauen, ist die hohe Kunst der Change-Kommunikation. Wir tendieren nämlich dazu, die Dinge nie so zu sehen, wie sie sind, sondern eher so, wie wir selbst sind. Change-Botschaften sind daher immer auch Projektionsflächen für eigene Gefühle (»Was bedeutet das jetzt für mich?«). Entscheidend ist daher auch die Herstellung eines Kontextes, in dem die Change-Botschaft verankert ist. Change muss nicht nur Sinn ergeben, sondern auch Sinn stiften.

Kontext herstellen mit der Framing-Technik

Komplexe Strategien, um dem Wandel zu begegnen, sind nur schwer in einfache und leicht verständliche Botschaften zu übersetzen. Das gelingt nur kruden Populisten. Was wir aber von ihnen und auch Politiker:innen lernen können, ist die Technik des Framings. Damit lassen sich Botschaften in einen begrifflichen und gefühlsmäßigen Rahmen setzen, der uns die Sachlage besser aufnehmen lässt.

Beispiele von Populist:innen

»Make America great again« (MAGA) ist definitiv ein wirkungsvollerer Frame als »America first«. »Wir schließen die Mittelmeeroute« funktioniert auch besser als »Migrationsstopp«.

Das Prinzip dahinter ist einfach: Wir setzen das Thema in einen größeren Kontext; das Große und Ganze macht das Konkrete begreifbar.

So funktioniert Framing

- Das Große und Ganze beschreiben (»Wir sind die Davids gegen die vielen Goliaths«).
- Starke Bilder statt viel Text (Bedeutungen entstehen im Kopf und nicht in der Botschaft).
- Ein kurzer Satz statt Zahlen (»Vier Ziele, die wir erreichen müssen«).
- Nutzen und Chancen darstellen.

Dialog fördern mit der »Kontext & Dialog«-Übung

Um den richtigen Rahmen bzw. Kontext zu finden, braucht es Dialog und Moderation – eine Führungsaufgabe. Wir schlagen vor, die Übung »Kontext & Dialog« gleich zum Start Ihrer Change-Roadmap einzusetzen und daraus eine CoCreation-Übung mit dem involvierten Change-Team zu machen.

Übung »Kontext & Dialog«

- Als Einstieg zur **Kontextualisierung** lassen Sie zum Beispiel das große Ganze im Kleinen aufgehen: Was bedeutet das für unser Team? Welchen Beitrag kann ich leisten?
- Nutzen Sie **Dialog fördernde Tools** wie Lego®-Serious-Play®, Service-Design-Thinking, Mind-Mapping.
- Entwerfen Sie eine **Change-Frage (»Wie können wir …«-Frage)**, um in den Dialog zu gehen. Eine gut formulierte Designfrage hat unglaubliches Ideenfindungspotenzial. Sie aktiviert und lädt zu neuen Ideen und Aktionen ein. Sie rahmt das Thema und das Ziel ein, schafft aber viel Freiraum für eigenes Denken.

> Die Leadership-Methode »Kontext & Dialog« eignet sich hervorragend zur schnellen Validierung von Glaubenssätzen und Hypothesen. Sie verhindert zudem die anfänglichen Diskussionen, wer den längeren Atem beim Verteidigen seiner Glaubenssätze hat. Damit kommen wir besser und schneller zum eigentlichen Problem.

Vom Skeptiker zum Follower

Wer die Menschen nicht abholt, lässt sie entweder zurück, oder hat sie gegen sich. Jede Kommunikation scheitert, wenn wir uns direkt an die Mehrheit wenden und gleich alle erreichen wollen.

So wird die Minderheit zur Mehrheit

Holen Sie frühzeitig die **Innovators** und **Early Adaptors** an Bord. Sie sind begeisterungsfähig für Neues und können auch mit »unfertigen«, »unvollkommenen« Lösungen leben. Sie schauen nämlich besonders auf das WHY. Die danach Kommenden wollen am liebsten fertige Lösungen oder klare Anleitungen, was zu tun ist. Sie orientieren sich eher am WHAT und am HOW. Je eher im Prozess die WHY-Sehenden und -Verstehenden überzeugt werden, desto breiter und besser funktioniert später das Roll-out. Die »Mainstream«-Mehrheit ist allerdings stark und kann Ihr Change-Vorhaben schon mal zum Wackeln bringen, wenn der Übergang (Chasm) von den Early Adopters zur **Mainstream-Mehrheit**, der Late Majority, nicht gut begleitet wird.

> Die Skeptiker:innen springen meist ganz am Ende erst auf den Zug oder bleiben mitunter sogar lieber am Bahnsteig stehen. Sie sollten nicht zu viel Ihrer Aufmerksamkeit binden, jedoch beobachtet werden.

Der Schlüssel für die Überwindung der Kluft (Crossing the Chasm), liegt im Verständnis der Bedürfnisse und Erwartungshaltungen der »Early Majority«-Gruppe. Sie unterscheiden sich nämlich meistens von den bereits bekannten Bedürfnissen der Early Adopters, auch wenn beide Gruppen grundsätzlich für die Veränderungen, den Strategiewechsel sind.

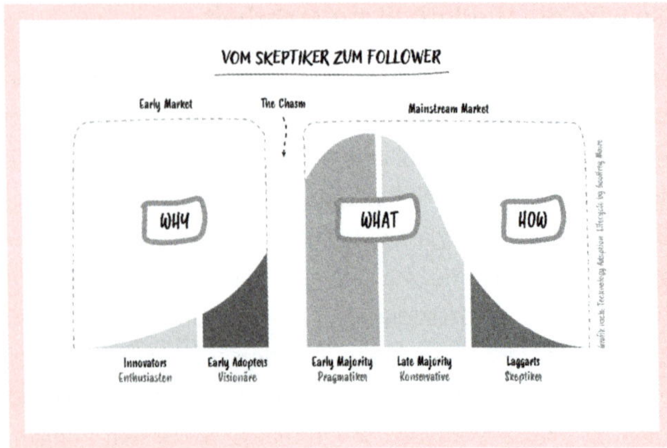

An der heiklen Stelle des Übergangs ist es daher besonders wichtig, die Spielregeln der Zusammenarbeit genau zu definieren (siehe auch Kap. »Die 10 Erfolgsfaktoren«): Welche Ressourcen stehen zur Verfügung? Wie gehen wir mit bestehenden Projekten oder noch nicht abgeschlossenen, früheren Change-Maßnahmen um? Wie begegnen wir Widerstand?

Eine klassische Bedürfnisfalle ist es zum Beispiel, nur externe Ressourcen für den Change zu definieren und davon auszugehen, dass intern alles neben dem Tagesgeschäft mitläuft. Fehlende interne Ressourcen und Zusatzbelastung sind die Achillesferse der Change-Motivation für die Mehrheit. Die Mitarbeiter:innen sehen aufgrund ihrer Mehrbelastung dann nur die Nachteile und nicht mehr den Gewinn. Genauso gefährlich ist es, in dieser Phase voreilig ein neues Zielbild der Organisation zu zeichnen, bei dem die Rollen und Aufgaben der Beteiligten infrage gestellt werden.

> **Form follows Function!** Die Überzeugungsstory muss zuerst verankert sein, bevor Aufbau- und Ablauforganisation verkündet werden.

Die Magie der Archetypen

Archetypen sind Urbilder oder Persönlichkeitsmerkmale, die sehr tief in unserem kollektiven Gedächtnis verankert sind und unsere Wahrnehmung und Deutung prägen. Wir alle kennen Archetypen aus Literatur, Film, Theater, so zum Beispiel den Helden und seinen Widersacher (Protagonist und Antagonist). Der Held bricht auf, um die Welt zu verändern, das Böse zu besiegen. Dabei begegnet er mehr oder weniger hilfreichen Charakteren, die ihn ermutigen, unterstützen, verwirren oder behindern. Archetypen sind sehr hilfreich, weil sie Story, Narrativ und Botschaft an unser Vorwissen und unsere Erfahrung knüpfen.

Große Marken nutzen Archetypen, um ihre Markenpersönlichkeit aufzubauen. In der Werbung wird das archetypische Framework eingesetzt, um Produktmarken zu optimieren. Erfolgreiche Markenpersönlichkeiten sind immer fest mit einem – und nur einem – zentralen Archetyp verbunden. Wenn Unternehmen ihre Werte, ihre Mission und ihre Vision (ihren Purpose) deutlich über einen Archetypus definieren, werden sie als stärker wahrgenommen.

Beispiel: Nike

Der Sportartikelhersteller NIKE definiert sich eindeutig als Held, der stolz, willensstark, mutig und wettbewerbsfreudig ist. Der Held möchte die Welt zu einem besseren Ort machen: Wir erinnern uns an die legendäre Kampagne »You can't stop us«, die uns Konsumenten zum Helden der Geschichte macht und uns ermutigt, über das hinauszugehen, was wir selbst jemals für möglich gehalten haben.

Bei der Markenführung wird auf 12 Archetypen zurückgegriffen. Drei davon stellen wir hier vor.

Marken	Archetyp	Eigenschaften	Unternehmen
dyson	**Magier, Zauberer** *«There's more to most than the eyes can see"*	Problemlösend, wissensdurstig kreativ, visionär, zukunftsweisend. Findet Lösungen, die die Welt bewegen.	Erfinder:innen, Technologieunternehmen und Start-ups. Kreativbranche, Kultur, Filmindustrie.
IKEA	**Jedermann, Bodenständige** *«I strive to be the best for myself and the greater good"*	Zuverlässig, loyal, verbindend, gemeinschaftlich, ausgleichend. Aber auch bodenständig, traditionell, bescheiden.	Unternehmen, die die »Mitte der Gesellschaft« erreichen. Automarken (ohne Luxusklasse), Einzelhandel, Supermarktketten.

Marken	Archetyp	Eigenschaften	Unternehmen
Mercedes-Benz ROLEX MOËT & CHANDON CHAMPAGNE	**Herrscher** *«Nobody gives you power, you have to take it"*	Dominant, mächtig, aber auch kontrolliert, verantwortungsvoll. Setzt auf bedingungslose Qualität. Vermittelt Wohlstand, Status, Glanz.	Zielgruppe der Eliten und »High Achiever«. Luxusmarken.

Jede Transformation ist eine Geschichte

Eine Strategie ist nur so gut, wie wir sie erzählen und verkaufen können. Informationen und Fakten sind natürlich wichtig; sie geben Sicherheit. Sie lösen jedoch kaum Motivation aus, bestenfalls unterwünschte Verhaltensänderungen (passiver Widerstand, Gerüchteküche etc.). Aus der Psychologie wissen wir, dass Fakten, die in Geschichten eingebaut werden, wesentlich stärker in Erinnerung bleiben als die reine, nackte Information. Das liegt daran, dass damit wesentlich mehr Hirnareale aktiviert werden, die auch Emotionen auslösen. Im Grunde geht es hier ums Verkaufen: Sie wollen etwas erreichen und investieren viel Zeit und Arbeit in die Erstellung einer optimalen Change-Strategie. Ginge es um die Einführung eines neuen Produkts, wären schon längst Marketing und Verkauf in Startposition gebracht worden. Ihre Change-Strategie braucht das auch. StoryTELLING ist also StorySELLING.

Der Unterschied zwischen Information und Geschichte

Je komplexer das Thema, der Zusammenhang ist, desto besser müssen wir verkaufen. Ein gutes Verkaufsgespräch nutzt greifbare Bilder und Beispiele, Emotionen, passende Analogien und stellt einen Kontext her.

Ein Beispiel

Fakten	Der Bereich XY ist defizitär und macht uns große Sorgen. Alle anderen Teile des Unternehmens werden durch das operative Minus von XY in Mitleidenschaft gezogen.
Story	Der Bereich XY war bisher die Cash Cow des Unternehmens und hat uns alle gut ernährt. Jetzt in der Krise finden wir nur noch eine magere Kuh wieder, die keine Milch mehr gibt.

Damit schaffen Sie sofort Bilder, das Kopfkino startet und die Betroffenheit ist hergestellt.

Abstrakt – konkret und wieder zurück

Wir alle kennen die Frage: »Und was bedeutet das jetzt konkret für mich?« Das Bedürfnis dahinter ist nur zu menschlich: Die soeben gehörte Information löst den Wunsch nach einer konkret vorstellbaren Wirkung aus. Es geht eben nicht um die Information selbst, sondern um die Anpassung der Abstraktionsebenen, auf denen die Information verkündet wird. Vereinfacht gesagt: Informationen zur Strategie befinden sich immer auf einer **abstrakten Ebene** und müssen, um bei den Empfänger:innen anzukommen, auf die **konkrete Ebene** heruntergebrochen werden. Die Kunst ist nun, die Empfänger:innen entweder vom abstrakten Ziel (Beispiel: Automatisierungsoffensive in den Filialen) zur konkreten Auswirkung (Beispiel: weniger Handarbeit, mehr Zeit für Kundenservice) zu führen. Oder eben auch in die andere Richtung: vom Konkreten weg (Beispiel: Unsere Mitarbeiter:innen in den Filialen sind zwei Drittel ihrer Zeit mit nicht-kundenbezogenen Tätigkeiten blockiert), um das Abstrakte (Beispiel: Mehr Zeit für den Kunden durch Automatisierung) verständlich zu machen.

So passt alles zusammen: Markenmission, Narrativ und Change – das Starbucks-Beispiel

Die Markenmission von Starbucks ist es, ein erstklassiges Kundenerlebnis zu bieten. Beim US-amerikanischen Unternehmen dreht sich alles um Qualität, vom Kaffee bis hin zum Ambiente der Filialen. «*We are not in the coffee industry serving people, we are in the people industry serving coffee*", so der CEO. Um dieses Narrativ in die Welt zu bringen, setzt Starbucks auf Social Media und Mini-Videogeschichten über seine Beziehungen zu kleinen, familiengeführten Kaffeefarmen auf der ganzen Welt. 2022 kündigte das Unternehmen an, in den nächsten drei Jahren die Automatisierung in seinen Filialen zu erhöhen und damit die händische Arbeit der Mitarbeiter:innen hinter den Tresen deutlich zu reduzieren. Was das letztlich bedeutet, wissen alle, aber die Markenmission bleibt konsequent: «*We will never replace our baristas. Rather, our job is to automate the work and simplify it so that their job is easier.*" (Deb Hall Lefevre, Chief Technology Officer, in der New York Times vom 13.09.2022).

Die Markemission bleibt konsequent, das Narrativ ist intakt und die Change-Strategie wird von der Abstraktion in eine konkrete Handlungsebene überführt.

Der Blick in die Zukunft, oder: Am Ende der Geschichte musst du wissen, wohin du willst …

Jede Strategie impliziert immer auch eine Wette, wie die Zukunft wohl sein wird. Dass das Morgen bekanntlich schwer vorhersehbar ist, bedeutet aber nicht, dass man sie nicht in die Strategie einbeziehen muss. Ganz im Gegenteil: Statt um neue Technologien und die Produktentwicklung geht es heute eher darum, gesellschaftliche Veränderungen, Tiefenströme im Konsumverhalten, rechtzeitig zu erkennen. Es sind nämlich Ideen und nicht Technologien, die die Zukunft entscheidend beeinflussen. Das Primat des Produkts als Kern der Strategie (mit all seinen Merkmalen wie Funktionalität, Qualität, Produktfeatures) muss dahinter zurücktreten. Im Vordergrund stehen Beziehungen und User-Connections, Kunden- und Mitarbeitererfahrungen bzw. -erlebnisse.

Was hat das alles mit Change-Kommunikation zu tun?

Bauen Sie in Ihre Strategie ein Stück Zukunfts-Narration ein und trauen Sie sich ruhig, die Geschichte so zu erzählen, wie sie sich entwickeln soll. Halten Sie es mit einem Satz, der Mahatma Gandhi zugeschrieben wird: »*Be the change you want to see in the world.*« Das ist schon allein deshalb viel spannender, als über Produkte und Technologien zu erzählen, weil Narrative immer stark emotionalisierend sind. Es könnte ja schließlich auch ganz anders kommen … Wird es aber nicht, denn der große Vorteil eines strategischen Zukunftsnarrativs besteht darin, dass sich die Change-Strategie auf ganz natürliche Weise konkretisieren und manifestieren wird. Marken wie Starbucks haben eben eine klare Zukunftsvision und damit gestalten sie ihre Zukunft selbst aktiv mit. Der Zukunft ein Narrativ mit Sinn, Bedeutung und Tiefgang zu geben, zahlt sich also jedenfalls aus. Eine Strategie ist eben nur so gut, wie wir sie erzählen und verkaufen können, und dafür braucht es immer auch eine Perspektive, ein klares Bild für die Zukunft.

> Ein Narrativ verleiht der Strategie Größe und Bedeutung.

Lernen von Steve Jobs

Der Apple-Gründer Steve Jobs hatte die strategische Gabe, kleine Veränderungen zu erkennen, die sich zu veritablen Paradigmenwechseln auswachsen können. Jobs hat nicht die Zukunft vorhergesagt, ist auch keinen Trends gefolgt, sondern hatte eine fokussierte Vorstellungskraft, so z. B., wie sich die Beschleunigung von Internetverbindungen und das Kommunikationsbedürfnis von Menschen miteinander zu einer »Experience« verbinden lassen. Wir kennen natürlich die Fragen nicht, die Jobs seiner Strategiefindung zugrunde gelegt hat. Vermutlich dachte er aber darüber nach, ob diese Veränderungen die Welt besser machen würden und welchen Nutzen sie den Verbrauchern bringen könnten. Was wir jedenfalls wissen, ist, dass es die Antworten auf diese Fragen waren, die die einmalige Marktposition von Apple ausmachen. Bis heute ist Apples strategische Markenmission »Innovation« unumstritten und neuerdings sogar auch durch »Sicherheit« erfolgreich. Apple setzt sich aktiv für den Datenschutz seiner Anwender:innen ein und bietet zahlreiche Schulungen und Maßnahmen für die Sicherheit persönlicher Daten.

Wenn wir also schon an der Change Story arbeiten, sollten wir keinesfalls die Gelegenheit verpassen, auch gleich die eigene Markenstory zu überprüfen, sie bei Bedarf anzupassen oder jedenfalls darauf aufzubauen. Dabei ist es zur besseren Orientierung ratsam, die dramatische Veränderung vom Maschinenzeitalter zum digitalen Zeitalter kulturell mitzudenken. Bei den Narrativen vor der Jahrtausendwende ging es noch eher darum, absolute Parameter wie Marktmacht, globale Position und Größe zu verkaufen. Neue Unternehmen der Digitalindustrie lehren uns heute, dass Netzwerkeffekte, Skalierung und nicht-physische Unternehmensgrenzen hochattraktive Change Storys liefern können.

Beispiele, wie es funktioniert – und wie nicht

Tesla will, nicht mehr und nicht weniger, die Art und Weise, wie wir über Mobilität und Transport nachdenken, revolutionieren. Dass elektrische Autos dabei auch stylisch und cool sein können, rechtfertigt ganz offensichtlich den hohen Preis.

Umgekehrt haben ehemalige Bollwerke der Stabilität und Kontinuität im Finanzsektor, wie zum Beispiel die Deutsche Bank und Credit Suisse, deutlich an Attraktivität verloren. Man traut ihnen nicht einmal mehr die Fähigkeit zur Transformation zu. Die Vertrauenskrise ist vollkommen.

So gelingt Change-Kommunikation: Methoden und Tools

In diesem Kapitel haben wir Ihnen wirkmächtige, aber auch praktische Methoden, Frameworks und Tools für Ihre Change-Kommunikation zusammengestellt. Sie helfen Ihnen unter anderem dabei,

- eine überzeugende Change Story zu konzipieren,
- Ihre Botschaften gehirngerecht zu transportieren,
- die Beteiligten kommunikativ durch alle Phasen der Veränderung zu begleiten,
- Gerüchten entgegenzuwirken und
- Reichweite zu erzielen.

Wie aus einer Change Story eine Überzeugungsstory wird

Die eigentliche Kraft einer wirkungsvollen Change-Strategie entfaltet sich erst über ihre Überzeugungsstory. Im Grunde geht es dabei immer auch um die alten Erzählmuster **Überwindung** und **Verwandlung**: Was müssen wir überwinden oder gar besiegen, um nach dem Change besser dazustehen als zuvor? Warum müssen wir uns aus unserer gewohnten Welt aufmachen, damit am Ende alles anders und besser ist?

Was gute Geschichten ausmacht

Change-Storytelling bedeutet nicht, dass Sie epische, dramatische Geschichten aufbauen müssen. Vielmehr geht es darum, die uralte Kulturtechnik des Geschichtenerzählens zu nutzen, um das Ziel des Change und vor allem den Weg dorthin verständlich und sogar attraktiv zu beschreiben. Dazu gehört nicht viel. Sie brauchen aber zumindest einige grundlegende Storytelling-Elemente wie einen **Auslöser**, einen **Wendepunkt** und ein **Zielbild**. Eine perfekte Geschichte hat auch einen Helden, den seine Reise mithilfe von Helfer:innen zum Ort der Erlösung führt. Am Ende dieser Heldenreise geht es um eine Verwandlung von Alt zu Neu, in eine besseren Zukunftsoption, die Sehnsucht weckt.

> Achtung Spoiler-Alarm! Der Held ist nicht zwingend der CEO und die Helfer:innen sind nicht automatisch sein Management-Team. Der Held kann auch das kollektive WIR sein, also die Organisation selbst, und am Ende sollten es immer die Kund:innen sein.

Emotionale Relevanz erzeugen – Führungskräfte mitnehmen

Sobald wir mit der Informationskampagne zum Change starten – egal ob im Boardroom, in der Managementkonferenz oder der Ansprache an die Mitarbeiter:innen – schaltet zeitgleich unser unbewusstes Default-Programm seinen Prüfungsprozess. Es scannt die Infos auf Nähe, Nutzen, Neuigkeit. Das sind klassische Nachrichtenfaktoren, mit denen unser Hirn die Relevanz der Botschaften prüft. Um die Zielgruppe der Führungskräfte als Helfer:innen zu gewinnen, können Sie diesen gleichzeitig ein persönliches Führungsangebot mitliefern:

1. **Nähe** – »*Was hat das mit mir zu tun?*« Du bist Teil dieser besonderen Gemeinschaft und Geschichte und ganz vorne mit dabei.
2. **Nutzen** – »*Welchen Nutzen für mich kann ich aus dieser Information ziehen?*« Du kannst dir einen Status aufbauen oder sichern. Du bist als Führungskraft Informationsquelle Nr. 1. Du bist wichtig und wir brauchen dich für die erfolgreiche Reise in eine gute Zukunft.
3. **Neuigkeit** – »*Ist es etwas Neues?*« Es ist ganz neu, soeben erst beschlossen. Du bist der bzw. die Erste, der oder die es erfährt. Geh raus und erzähle es deinen Leuten.

Toolbox Storytelling – Transformation Narrative

Herkunft, Geschichte, Kund:innen – all diese Faktoren sind die unsichtbaren Helfer:innen im Hintergrund. Es geht darum, eine Verbindung zwischen der Herkunft und der Gegenwart und der gewünschten Zukunft aufzubauen. Nur diese Verbindung schafft Vertrauen in den großen Plan.

Was ist überhaupt ein Narrativ und wozu ist es gut?

Narrative sind die kleinsten Einheiten des Erzählens, der kleinste Sinnzusammenhang. Narrative eignen sich seit Menschengedenken einerseits zur Vermittlung wichtiger Informationen (»Achtung, Gefahr!«), andererseits aber auch zur Erklärung der großen Fragen des Lebens (Beispiele: Mythen, Religionen). Sie sind die »evolutionäre Killerapplikation des Menschen« (Friedemann Karig), um uns in dieser Welt zu orientieren und mit unseren Mitmenschen zu organisieren. In der Werbung sind Narrative verdichteter Ausdruck der Unternehmensleistung und idealerweise in einem Claim, Slogan so verpackt, dass sie differenzierend und einzigartig das Markenversprechen abrufen.

1. »Just do it« (NIKE)
2. »Freude am Fahren« (MBW)
3. »Vorsprung durch Technik« (AUDI)
4. »Es gibt immer was zu tun« (HORNBACH)

> Ein Transformations-Narrativ ist nichts anderes als die komprimierte Form der Change Story.

Was ein gutes Narrativ bewirken kann, zeigt die Geschichte des Hausmeisters der US-amerikanischen Bundesbehörde für Raumfahrt NASA: Als John F. Kennedy ihn 1961 bei seinem Besuch dort fragte, was er bei der NASA mache, antwortete der Hausmeister: »I'm helping to put a man on the moon«. Die NASA hatte offensichtlich alles richtig gemacht. Es ist sehr wichtig, dass jede:r im Unternehmen versteht, was die Vision und der Auftrag sind und wie seine oder ihre Rolle dazu beiträgt, sie zu erfüllen.

Die sieben Stufen einer wirksamen Change Story

Es gibt nichts Schwierigeres, als ein zahlen- und prozessgetriebenes Strategiepapier, wie es im Boardroom präsentiert wird, so zu übersetzen, dass auch die nächsten Ebenen verstehen, worum es geht und warum es sich lohnt, dafür zu laufen. Um es Ihnen leichter zu machen, zeigen wir Ihnen hier einen einfachen Pfad, an dem entlang Sie Ihre Change Story aufbauen können.

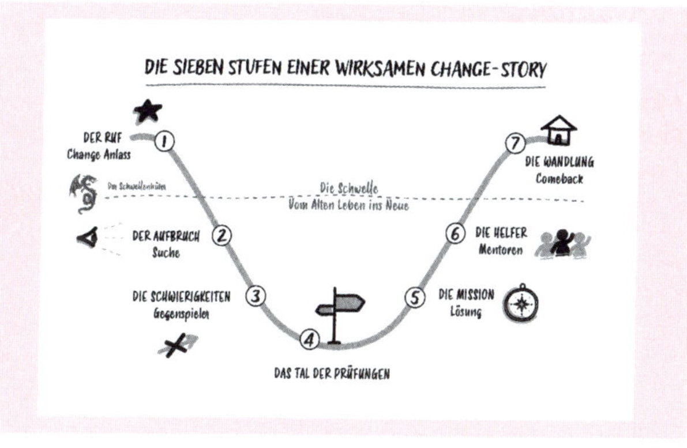

Am besten Sie legen dieses Modell, das vom klassischen Erzählmuster der Heldenreise inspiriert ist, gleichsam als Raster über Ihr Strategiepapier und starten mit den aufgeführten sieben Stufen durch.

1 Der Ruf – Change-Anlass	Hier geht es um Spannungsaufbau, Verortung des Sense of Urgency und Emotionalisierung. Die Herausforderung muss erklärt und was auf dem Spiel steht klar ausgesprochen werden. Welcher Konflikt, welches Problem, welcher Schmerzpunkt, welcher »Inciting Incident« liegt vor? Warum müssen wir JETZT handeln?
2 Der Aufbruch – Suche	Zeigen Sie auf, *wie* Sie die Lösung, die Strategie und erarbeitet haben, *warum* alte Wege nicht mehr funktionieren und welche Chancen Sie im Neuen sehen. »Wir haben uns die richtigen Fragen gestellt, aber die alten Antworten reichen nicht mehr aus …«
3 Die Schwierigkeiten – Gegenspieler:innen	Die Widerstände und auch Widersacher müssen klar adressiert werden. **Externe Faktoren** können etwa Krisen, Wettbewerb, Lieferketten sein. **Interne Faktoren** können die Organisation selbst, Prozesse, Innovation, interne Beharrungskräfte sein. Denken Sie daran: Ohne Gegenspieler:innen braucht es keine Strategie und schon gar keine Überwindung.
4 Das Tal der Prüfungen – Bewährung	»Es wird hart …« An dieser Stelle muss sich das Management einer ernsten Vertrauensprüfung unterziehen. Je ehrlicher hier (mögliche) Rückschläge, aber auch harte Wahrheiten angesprochen werden, desto mehr Glaubwürdigkeit nimmt man mit für den Weg raus aus der Krise.

5 Die Mission – Lösung	»… aber wir wissen, was wir tun müssen, um zu … überleben (eine bessere Zukunft zu haben, auf den Erfolgspfad zu kommen, etc.).« Zeichnen Sie ein klares Bild des Lösungszustandes nach dem Change. Schildern Sie, wie Sie dort hinkommen. Jetzt sind Zuversicht und Optimismus angesagt, die Entschiedenheit, Commitment und Energie freisetzen müssen.
6 Die Helfer:innen und Mentor:innen	Adressieren Sie die Helfer:innen, appellieren Sie an das Wir-Gefühl: »… Wir haben starke Helfer:innen, auf die wir bauen können: unsere Geschichte, Herkunft, unser Fundament. Die kollektive Intelligenz unserer Firma: unsere Teams, die Menschen, unser Know-how …« Auch unerwartete Helfer:innen oder ein Netzwerk, das in die neue Zukunft führt, sollten angesprochen werden.
7 Die Wandlung – Comeback	Hier wird die Rückkehr in die Sicherheit der vertrauten und trotzdem gewandelten neuen Welt beschrieben. Ein neuer Gleichgewichtszustand hat sich eingestellt, in dem alle mit stärkeren Ressourcen als zuvor ausgestattet sind. »Am Ende dieser Reise sind wir besser und stärker als zuvor. Dann sind wir wieder Nr. 1 in unserer Disziplin. Wir sind stolz auf unsere Leistung und haben gelernt zu überleben …«

Die Schwelle zur neuen Welt und deren Hüter

Jeder Change-Prozess, jede Change Story muss eine unsichtbare, aber wirkmächtige Schwelle überwinden, und zwar gleich zweimal. Die Schwelle markiert den Wechsel von der gewohnten Welt, dem stabilen Ursprungszustand, in die Unsicherheit, in die erwartete Destabilisierung. Genau hier begegnet man auch schon dem ersten Schwellenhüter, der die Weiterreise verhindern oder vor ihr warnen will. Er ist der Archetyp in der klassischen Heldenreise und hat die Aufgabe den Helden oder die Heldin zu Beginn der Reise ordentlich zu prüfen: Ist er oder sie stark genug?

Ein zweites Mal passieren wir die Schwelle kurz vor der Wandlung, also dem Wiedereintritt in einen neuen, stabilen Zustand, in eine Sicherheit mit Fundament. Wir kennen alle die Formulierungen »Wir sind überm Berg«, »Land in Sicht«, »Kopf über Wasser«. Sie gehören allesamt zum Repertoire des Schwellenübertritts am Ende einer transformativen Herausforderung.

Pitch for Change

Nicht immer sind Change und Wandel so groß dimensioniert, dass die Gesamtorganisation davon betroffen wäre. Die Überzeugungsstory nach den Sieben Stufen (siehe Kapitel zuvor) eignet sich dann am besten, wenn die Gesamtorganisation involviert ist. Für kleinere Veränderungsprojekte und Change-Momente im operativen Führungsalltag (z. B. die Fusionierung von Abteilungen, punktuelle Einsparungsmaßnahmen) ist das Tool des Pitchs optimal.

Überzeugungsarbeit ist eine der wichtigsten Führungsaufgaben – bei Veränderung ganz besonders. Sie findet laufend und an den verschiedensten Stellen in der täglichen Change-Kommunikationsarbeit statt. Ein Pitch, hier in Form einer Überzeugungsrede, ist ein sehr praktisches Tool, um konkret und emotionalisierend den Anlass für Wandel und die Veränderungsnotwendigkeit mit der Wandelbereitschaft und Akzeptanz zu verbinden.

Viele unserer Kund:innen haben mit erheblichem Aufwand Change-Leitbilder, Mission Statements, Purposes erstellen lassen, die deren Urheber:innen begeistern, aber sonst niemanden hinter dem Ofen hervorlocken. Woran das liegt? Meist an der Struktur und an zu abgehobenen Formulierungen wie »Steigerung der Effizienz«, »moderne Organisation« etc.

Wir liefern Ihnen hier eine einfache Bauanleitung, wie Sie einen wirksamen Pitch formulieren können – ganz ohne Workshops und externe Beratung.

Schritt 1: Die größten Schmerzen identifizieren

Es beginnt mit einer einfachen Frage: Wo drückt der Schuh am stärksten? Ohne »Sense of Urgency«, also den Ruf, Anlass oder auch Inciting Incident, das Bewusstsein für den Veränderungsbedarf, fehlt ein wesentlicher motivatorischer Hebel, um die sogenannten Change-Kräfte mobilisieren zu können. Der Sense of Urgency oder das Bewusstsein für die Notwendigkeit ist das »Warum« für den Change, der Grund.

Typische Sätze, die bei der Formulierung helfen, sind:

- »Wir hören immer wieder, dass … nicht in der Lage ist …«
- »Es kommt häufig vor, dass … nicht funktioniert.«
- »Wir haben bereits heute einen Nachteil gegenüber …«

Schritt 2: Der Mehrwert der Veränderung

Während es im Schritt 1 um das Problem, also das Warum geht (zu langsam, zu teuer, zu kompliziert …), ist Ziel des Schrittes 2, den Mehrwert herauszuarbeiten: das Wofür, den Nutzen, der durch die Veränderung angestrebt wird. Häufig sind es stabile Abläufe, effizienter Ressourceneinsatz, beschleunigte Entwicklung, die durch die Veränderungsprozesse bewirkt werden sollen. Doch Achtung: Formulieren Sie hier möglichst spezifisch, sonst tappen Sie in die Generalisierungsfalle. Am besten stellen Sie sich dazu detaillierte Fragen wie diese:

- Welche Effizienzsteigerung wollen Sie genau bewirken?
- Welche Abläufe sollen im Einzelnen vereinfacht werden?
- Wollen Sie einen direkten Draht zu Kund:innen aufbauen?
- Braucht es kürzere und schnellere Entscheidungswege, damit Kund:innen rascher Antwort auf ihre Anliegen erhalten?

Formulieren Sie im Schritt 2 konkret, was Sie erreichen wollen und was dieses Ziel bringt.

Schritt 3: Der Appell

Was wünschen Sie sich von den Adressat:innen des Pitches? Was sollen diese exakt machen? Welche Schritte, die die Veränderung begünstigen, sollen diese einleiten? Schließen Sie Ihren Pitch mit der Aufforderung, etwas anders zu machen. Auch hier gilt: Das Konkrete siegt über das Generelle. Besonders wichtig sind daher die Regeln für wirksame Kommunikation im folgenden Kapitel.

Was Botschaften erfolgreich macht

Dass Kommunikation mit Wirkung eine Kunst ist, haben wir schon mehrfach ausgeführt. Wenn Sie die folgenden Regeln beachten, wird es Ihnen leichter gelingen, Ihre Botschaften wirksam zu präsentieren und Fehlverständnissen vorzubeugen. Ihnen gelingt so eine Change-Kommunikation, die Sie zur Vorbereitung der Transformation und währenddessen unterstützt.

1 Machen Sie es anderen leicht zu verstehen

- Definieren Sie klare Ziele für Ihre Kommunikation, damit für die Empfänger:innen nachvollziehbar ist, worum es Ihnen geht. Unklare Botschaften können leicht als Intransparenz und Taktik interpretiert werden. Gerade das sollten Sie vermeiden.
- Verwenden Sie eine einfache Sprache. Vermeiden Sie Fachjargon. Je unaufwendiger und einfacher Sie kommunizieren, umso authentischer wirken Sie und Ihre Botschaften.
- Das gleiche Ziel verfolgt diese Regel: Vermeiden Sie Schachtelsätze und komplizierte Satzstrukturen. Grundsätzlich gilt: Je komplexer der Sachverhalt, umso wichtiger sind einfache Formulierungen.

- Verwenden Sie visuelle Hilfsmittel und Beispiele. So können Sie plastisch darstellen, worum es geht. Ein Bild sagt mehr als 1.000 Worte, erzeugt im Zweifel mehr Emotionen und ist leichter im Gedächtnis zu behalten (siehe hierzu auch bereits Kap. »Das Fundament erfolgreicher Change-Kommunikation«).
- Ermutigen Sie zu Fragen und Feedback. So stellen Sie sicher, dass Ihre Botschaft auch richtig bei den Empfänger:innen angekommen ist.

2 Machen Sie es anderen leicht, Ihnen zu glauben

Wenn Ihre Botschaften widersprüchlich erscheinen, sät das rasch Zweifel bei Ihrem Gegenüber. Das wiederum schwächt Ihre Botschaft. Im schlimmsten Fall verlieren Sie Ihre Glaubwürdigkeit.

- Legen Sie Beweise zur Unterstützung von Behauptungen vor. So liefern Sie nachvollziehbare Argumente. Achten Sie dabei auf Schlüssigkeit.
- Verwenden Sie glaubwürdige Quellen. Stützen Sie Ihre Beweise auf fragwürdige Referenzen, stellen Sie damit nicht nur Ihre Beweisführung, sondern auch das Ziel des Change infrage.
- Vermeiden Sie Übertreibungen und Überspitzungen.

3 Machen Sie es anderen leicht, sich zu erinnern

- Verstärken Sie die Schlüsselbotschaften, indem Sie diese an geeigneten Stellen Ihrer Kommunikation stets aufs Neue wiederholen.
- Verwenden Sie verschiedene Beispiele, um Punkte zu illustrieren. So erreichen Sie ein breiteres Publikum.
- Verwenden Sie Gedächtnisstützen, um Ihren Zuhörer:innen das Erinnern zu erleichtern.
- Rekapitulieren Sie die wichtigsten Punkte am Schluss Ihrer Botschaften. Was am Ende gesagt wird, bleibt am längsten haften.

4 Setzen Sie Anker in den Herzen der anderen

- Beachten Sie, dass es die Emotionen sind, die darüber entscheiden, wie wirksam Ihre Botschaften sind. Einer unserer Lehrmeister brachte es auf den Punkt: »Stop being smart and start being nice!« Für eine wirksame Change-Kommunikation braucht es beides: kluges und gewinnendes Vorgehen.
- Verstehen Sie die Emotionen und Werte des Zielpublikums.
- Nutzen Sie Storytelling, um emotionale Verbindungen zu schaffen.
- Setzen Sie mit bildhaften Beispielen emotionale Anker, um Schlüsselbotschaften zu verstärken.

5 Schaffen Sie Betroffenheit

- Identifizieren Sie die Bedürfnisse und Interessen des Zielpublikums.
- Schneiden Sie Ihre Kommunikation auf diese Bedürfnisse zu: Nennen Sie nachvollziehbare Beispiele und Fallstudien und gehen Sie auf mögliche Bedenken und Einwände ein.

6 Schauen Sie voraus und nicht zurück

- Konzentrieren Sie sich auf zukünftige Lösungen und Möglichkeiten und betonen Sie die Vorteile der angestrebten Lösungen.
- Vermeiden Sie es, sich mit vergangenen Fehlern, Problemen oder Ursachenanalysen aufzuhalten. Denken Sie daran: Wer sich rechtfertigen muss, hat schon verloren.

7 Formulieren Sie Ihre Erwartungen

- Legen Sie klare Handlungsschritte mit Zeitplänen und Meilensteinen vor, um voranzukommen.
- Sprechen Sie das persönliche und kollektive Engagement direkt an.

> Auch wenn diese sieben Kriterien für wirksame Botschaften umfangreich erscheinen, lassen sie sich einfach zusammenfassen: Achten Sie auf Klarheit, Glaubwürdigkeit und Merkfähigkeit und sorgen Sie am Ende dafür, dass klar ist, was Sie erwarten.

Der Kommunikationskompass

Der Kommunikationskompass ist ein mächtiges Werkzeug, das Ihnen hilft, die Aufmerksamkeit aller Beteiligten dorthin zu lenken, wo sie gerade sein soll.

Wofür Sie den Kommunikationskompass einsetzen können

- **Im Changemanagement**: Planung von einzelnen Stationen im Veränderungsprozess; um deutlich zu machen, ob Sie über Vergangenheit oder Zukunft sprechen; um Ihrem Publikum bei der Orientierung im Change-Prozess zu helfen.
- **Im Coachinggespräch**: Lernen aus der Vergangenheit; Bewusstsein für Risiken entwickeln; um das Ziel und die Vorgehensweise für die Erfolgsabsicherung zu vereinbaren.
- **In der Moderation**
- **Zur Verbesserung** der Zusammenarbeit
- **In der Überzeugungs- und Motivationskommunikation**: Der Kommunikationskompass spiegelt die eigentliche Change Story (Ruf, Aufbruch, Schwierigkeiten, Tal der Prüfungen, Mission, Helfer:innen, Wandlung) wider (siehe hierzu Kap. »Wie aus einer Change-Story eine Überzeugungsstory wird«).

Kleiner Exkurs: Emotion ist eine Frage der Aufmerksamkeit

Gestatten Sie uns zur Einleitung des Kompasses ein Gedankenexperiment: Was geschieht, wenn Sie Ihre Aufmerksamkeit auf wirklich angenehme Erinnerungen lenken? Der letzte Sommerurlaub, Meeresrauschen, warmer Wind… Vermutlich entspannt sich Ihr Gesicht, die Erinnerung zaubert ein Lächeln auf Ihren Mund und in Ihre Augen, ein wohliges Gefühl macht sich breit.

Auch auf die Art zu sprechen, hat die Erinnerung sofort Auswirkungen. Sanfter, leichter und langsamer kommen die nächsten Sätze daher. Vielleicht sind auch Ihre Bewegungen etwas langsamer, entspannter geworden.

Was in dieser kleinen Gedankenreise geschieht, ist eine typische Funktion unserer Psyche:

- Die Themen, mit denen wir konfrontiert werden, dominieren unser Denken.
- Das, woran wir gerade denken, dominiert unsere Gefühle.
- Das, was wir fühlen, hat Auswirkungen auf die Qualität unseres Handelns.

Es gibt also eine direkte Verbindung zwischen den Inhalten, über die wir sprechen oder die wir zum Thema machen, und der **Qualität des Handelns** jener Personen, mit denen wir gerade zu tun haben. Diese logische Verbindung ist insofern wichtig, weil sie Sie dabei unterstützt, das nun folgende Modell des Kommunikationskompasses gezielt einzusetzen.

Der Aufbau des Kompasses

Zwei Achsen bilden ein Koordinatensystem, welches aus vier Quadranten besteht. Die horizontale Achse ist die Zeitlinie. Der Fokus geht links in die Vergangenheit, rechts in die Zukunft. Oben ist die Aufmerksamkeit zu positiven, unten zu negativen Themen verortet. Damit bilden sich vier Quadranten:

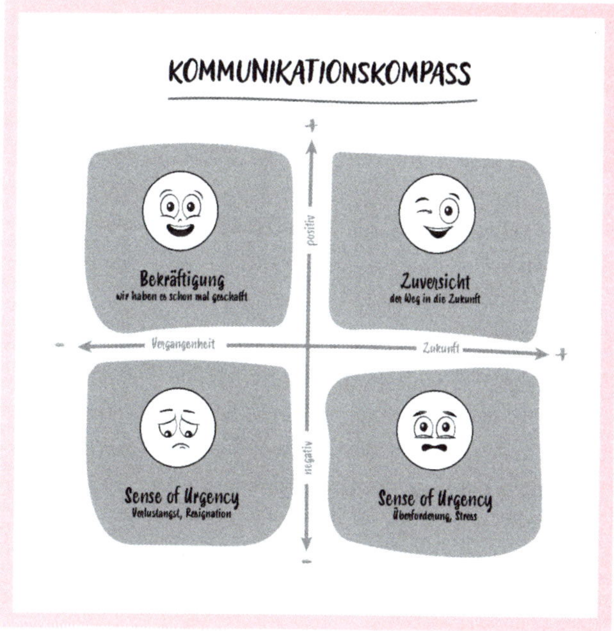

Betrachten und analysieren wir nun diese Quadranten einmal näher, und zwar anhand der Dimensionen Fühlen und Handeln. So erkennen wir, welche typischen Themen in den Quadranten adressiert werden, welche Gefühle dadurch ausgelöst werden und mit welcher Qualität des Handelns jeweils zu rechnen ist.

1. Links oben: die positive Vergangenheit

Menschen schwelgen sehr gerne in ihren großartigen Erfahrungen, die sie in der Vergangenheit gemacht haben. Das kann ein zweischneidiges Schwert sein. Einerseits fühlen sie sich damit wohl und bestätigt, andererseits … Was machen Sie zum Beispiel, wenn Sie Gutes erreicht oder erfahren haben und durch und durch mit sich selbst und mit der Welt zufrieden sind? Das Wort »Zufrieden« setzt sich nicht ohne Grund aus den Begriffen »zu« und »Frieden« zusammen. Beides nicht unbedingt Indikatoren für hohe Energie oder dynamische Aktion. Engagierte Mitarbeiter:innen? Bitte ja! Zufriedene? Gerne auch, aber erst nach der Arbeit …

2. Links unten: die negative Vergangenheit

Warum hat das alles bloß nicht funktioniert? Warum muss es immer mich treffen? Warum ziehe ich Schwierigkeiten und Probleme magisch an? Alles Fragen, die typisch für die Links-unten-Ecke, die negative Vergangenheit, sind. Hier geht es um das, was nicht funktioniert oder Schmerzen ausgelöst hat: Projekte, die an die Wand fuhren, der Verlust eines Jobs oder, noch schlimmer, von Menschen, Erniedrigungen, Verletzungen. Je nach Persönlichkeit und Anlassfall führen solche Rückschläge zu unterschiedlichen Reaktionen: Sie reichen von aggressiven Verhaltensmustern über Trauer bis hin zur Resignation.

3. Rechts unten: die negative Zukunft

Auch die Zukunft muss nicht immer rosig sein. Da können unvorhergesehene Gefahren lauern oder Risiken sind schon bekannt und es ist sehr wahrscheinlich, dass sie eintreten. Oder es stehen Mammutaufgaben bevor, die die Frage aufwerfen, wer sie denn bloß schaffen soll. Die typischen Reaktionen auf solche düsteren Aussichten sind Unsicherheit oder Angst. Wir erstarren dann entweder wie das Kaninchen beim Anblick der Schlange, das damit zum leichten Opfer wird.

Andere, vor allem die Guten, wählen die vielleicht klügere Alternative: abhauen.

4. Rechts oben: die positive Zukunft

Wenn Sie gemeinsam Visionen entwickeln, davon Ziele ableiten und schließlich Entscheidungen treffen, gestalten Sie die Zukunft in den Köpfen aller am Change Beteiligten. Meistens geschieht dann etwas Wundersames: Menschen richten sich auf. Doch nicht nur ihre Körperhaltung verändert sich, auch ihr Blick wird bestimmt, die Stimme fest und eine wohltuende Dynamik macht sich breit. Damit wird bereits klar: Je mehr Sie sich thematisch in der rechten oberen Ecke des Kompasses, in der positiven Zukunft, aufhalten, umso eher wird es Lösungen geben, umso eher werden Sie die Motivation schaffen, auch schwierige Themen zu lösen und Ihre Vorhaben voranzutreiben. Der wesentliche Schlüssel in diesem Quadranten ist die **Vermittlung von Zuversicht**. Damit meinen wir nicht etwa Hoffnung. Beim Prinzip Hoffnung hängt es von anderen ab, ob etwas geschieht. Zuversichtliche Menschen hingegen nehmen die Dinge selbst in die Hand, werden von sich aus aktiv, um die gewünschten Ergebnisse zu erreichen.

Die folgende Übersicht enthält Formulierungen, die Ihnen helfen, den jeweiligen Quadranten anzusteuern.

- Links oben: Bekräftigung – »Wir haben es schon mal geschafft.«
- Links unten und rechts unten: Sense of Urgency wecken.
- Rechts oben: Den Weg in die Zukunft finden.

Egal, welche Quadranten Sie aktuell ansteuern: Achten Sie darauf, dass Sie die meiste Zeit in der Lösungsecke rechts oben verweilen und dass vor allem das Ende eines Kontakts in dieser Ecke stattfindet.

Makro- und Mikrokommunikation

Dass nicht nur die Botschaft selbst erfolgsentscheidend ist, sondern auch, mindestens im selben Ausmaß, wer der Sender ist, dürfte unbestritten sein. Gerade in der Change-Kommunikation ist das Zusammenspiel der unterschiedlichen Senderebenen von besonderer Bedeutung.

Die Kommunikation nach außen

»Der schnellste Weg zu uns« ist der Claim eines bekannten Unternehmens. Wer sich allerdings bei diesem Unternehmen bewirbt, wird eines besseren belehrt. Die unterschiedlichen Registrierungsebenen, Suchhürden und sonstige Schwellen führen zu einem eklatanten Unterschied zwischen Claim und Erleben. Die Relevanz dieses Beispiels für Veränderungsprojekte ist klar: Kommunikation, die Claims publiziert und Markenversprechen abgibt, die nicht gehalten werden, stiftet Schaden und nährt die

Gerüchteküche. Die Rolle der Unternehmenskommunikation ist das Dach, das sich über die weiteren Kommunikationsebenen spannt und damit Kernbotschaften und Werte konsistent und kohärent vermittelt, die in den weiteren Ebenen ausdifferenziert werden.

Die interne Unternehmenskommunikation

Gerade bei Change-Prozessen tragen die Spezialist:innen der internen Kommunikation eine große Verantwortung. Sie sorgen dafür, dass das, was in der Markenbildung nach außen versprochen wird, auch intern auf die einzelnen Stufen des Veränderungsprozesses abgestimmt übermittelt wird. Da geht es nicht nur um Inhalte, sondern auch um Medien und Tools, die in der Breite zum Tragen kommen. Townhalls, Großgruppenevents, Videobotschaften des Managements etc. sind typische Instrumente, die vor allem bei umfassenden Change-Prozessen gerne genutzt werden, da sie eine Real-Time-Kommunikation ermöglichen. So wird sichergestellt, dass es zu weniger Verzerrungen kommt.

> Achten Sie darauf, dass auch intern offen kommuniziert wird. Das »Stille Post«-Spiel kommt leider viel zu oft bei Veränderungen und Krisen vor. Es macht das für den Erfolg so wichtige Alignment für die Verantwortlichen schwer bis unmöglich.

Die Führungskräfte

Sie bilden quasi das Herz der Change-Kommunikation und tragen die größte Verantwortung für das Gelingen. Mitarbeiter:innen achten bei ihren Vorgesetzten besonders darauf, wie diese vorgehen und ob das, was getan wird, auch dem entspricht, was versprochen wurde. Während im »Normalbetrieb« eine nicht verlässliche Führung noch funktionieren kann, hat das bei Veränderungsprozessen und noch viel mehr bei Krisen fatale Folgen: Wenn Mitarbeiter:innen das Vertrauen in ihre Führungskräfte verlieren, dann verlieren sie das Vertrauen zum Unternehmen. Das wiederum kann vor allem latent abwanderungsgefährdete Leistungsträger:innen dazu motivieren, ihren persönlichen Change zu realisieren, indem sie kündigen und ihre Karriereleiter an eine andere Wand stellen. Die wirksame Gegenmedizin ist authentische, direkte und zeitnahe Kommunikation. Ein Dialog zwischen Führungskräften und Mitarbeiter:innen, der den Claims der Marke und den Kernbotschaften der Unternehmenskommunikation entspricht. Das fördern Sie durch Einbindung, Abstimmung und vor allem durch eines: Zuverlässigkeit, wenn es darum geht, Versprechen zu halten.

Unternehmenskommunikation funktioniert nur, wenn alle Ebenen wie ein Uhrwerk zusammenspielen: die Marken-, die Unternehmens- und die interne Kommunikation und der Dialog zwischen Führungskräften und Mitarbeiter:innen. Ein sehr beliebter Ansatz, um das Uhrwerk am Laufenden zu halten, ist heute das »Purpose«-Konzept.

Sinnfindung, Purpose und Markenmission

Vom trendigen Konzept, über Purpose oder die »Purpose driven Organisation« die Arbeit in einem Unternehmen mit einem tieferen Sinn auszustatten, wollen wir uns hier klar distanzieren. Nach unserer Erfahrung ist ein wesentlich pragmatischerer Ansatz sinnstiftender. Organisationen sind Zweckgemeinschaften und keine Glaubensgemeinschaften, die einen höheren Sinn produzieren und zu verteidigen haben. Vielmehr muss das Sinnvolle und Sinnstiftende gerade in Umbruchzeiten täglich neu ausverhandelt werden und auch Konflikten standhalten.

Was passiert, wenn der Übergang von alten zu neuen Mustern – samt dazugehörender Krisen – einem »Change-Programm« überantwortet wird? Dann bleibt zunächst das Wir-Gefühl auf der Strecke, also genau das, was sinnorientiertes Verhalten und sozialen Zusammenhalt in Organisationen ausmacht. An die Stelle des »Wir« treten dann partikulare Interessen und Identifikationen von Stammeskulturen, die ihre Rituale pflegen.

Marke ist Führungsinstrument und Change-Tool zugleich

Hier kommt einem ganz anderen, meist unterschätzten Change-Instrument eine sehr wirkmachtige Aufgabe zu: der Marke. Richtig verstanden und eingesetzt kann eine Marke nämlich Führungsinstrument und Change-Tool zugleich sein. Sie ist Ausdruck unternehmerischer Performance und Versinnbildlichung des systemischen Zusammenhalts. Doch wie sieht die Rolle einer Marke aus, wenn sich eine Organisation verändern, ihre Sinnorientierung neu gestalten muss? Die Marke übernimmt in diesen transformativen Phasen eine besondere Funktion: Sie unterstützt eine gesunde Transformationskultur, die die Menschen mitnimmt. Wenn alte Sicherheiten verloren gehen und neue gefunden werden wollen, hat die Marke ihren großen Auftritt. Denn Menschen brauchen Sicherheit und Bindung, um zu funktionieren.

Während die Purpose-Beraterindustrie sich gerade daran macht, Organisationen »Purpose driven« auszurichten, wird gerne übersehen, dass diese Aufgabe längst durch die Marke erfüllt ist. Gute, gesunde Marken beantworten nämlich ganz unaufgeregt und selbstverständlich ihre Markenmission (»Wofür sind wir da?« – das »Marken-Why«). Sie liefern dadurch Stabilität, Sicherheit und Orientierung im Wandel. Wenn allerdings Marken Sinnstiftung suggerieren, die sich in der Realität nicht zeigt, ist man – in Analogie zum bekannten Greenwashing – schnell beim »Purpose-Washing«. Inkonsequentes Verhalten von Unternehmen wird ganz besonders von den jungen Generationen und Konsument:innen sehr genau beobachtet und über die Sozialen Medien gerne mal kommentiert und schlimmstenfalls in Shitstorms abgestraft. Dagegen hilft nur, das abstrakte Purpose-Versprechen gegen ein konkretes Markenversprechen einzulösen. Oder anders gesagt, den Worten auch Taten folgen zu lassen.

Beispiel: VOLVO

Der Automobilkonzern Volvo steht seit seiner Gründung 1927 für Sicherheit. Volvo baut die sichersten Autos und der Dreipunkt-Sicherheitsgurt gilt als der wichtigste Lebensretter im Straßenverkehr. Selbst nach dem Verkauf an die Chinesen erinnert sich Volvo an seinen Markenkern und entwickelte daraus eine Zukunftsmission für 2020: Niemand darf in einem oder durch einen Volvo ernsthaft verletzt werden oder sterben. Diese Mission führte dazu, dass seitdem alle Mitarbeiter:innen überlegen, wie sie inner- und außerhalb des Autos das Markenversprechen »Sicherheit« umsetzen können. So arbeitet man etwa an Ideen wie Airbags oder Sicherheitskleidung für Fußgänger. Das ist gelebtes Wir-Gefühl rund um ein klares Versprechen, das nach innen und nach außen wirkt.

Marke im Digitalzeitalter hat nochmals an Bedeutung und Transformationskraft gewonnen, weil sie, digital kommuniziert, emotionale Verbindungen herstellt und daher auch ein viel ganzheitlicheres Markenerlebnis ermöglicht. Vor allem die Digital Natives verbinden mit Marke mehr Inhalt und Haltung als die Generationen davor, für die Marke vor allem Status- und Differenzierungssymbol war. Marken müssen daher heute beziehungsfähig sein um relevant zu bleiben. Dafür müssen sie Vertrauen über das Produkt, die Leistung hinaus aufbauen und ihre Haltung auch zu gesellschaftlichen Themen kommunizieren. Die jüngeren Generationen wollen genau wissen, wie ihre Marken zu Klimawandel, Krieg, Tierschutz, Lieferketten stehen.

> Markenmission oder Purpose? Ganz einfach: Die Marke hält, was Purpose verspricht. Sie ist in erster Linie Ausdruck unternehmerischer Leistung und Haltung. Eine starke Markenidee überdauert jede Mode und überlebt jede Change-Welle. Sie ist das verbindende Element für das Wir-Gefühl, gibt Halt und Orientierung.

Die eigene Historie als Ressourcenpool

Menschen wollen Teil einer größeren Geschichte sein. Die Kraft, die in der eigenen Unternehmensgeschichte steckt, ist ein geheimer Helfer, ein Schatz in der Transformation, wird jedoch meist nicht als solcher erkannt. Es zahlt sich immer aus, im Archiv der Gründungsgeschichte nach Ankern für die Gegenwart zu suchen. Traditionsmarken nutzen das, um einerseits die Identität aus der Vergangenheit in die Zukunft zu überführen und andererseits Stabilität im Wandel zu gewährleisten.

Beispiel: Die ÖBB

Die österreichische Eisenbahn gilt zwar nicht als billigstes Transportmittel, steht aber seit über 190 Jahren für Sicherheit, Zuverlässigkeit und Pünktlichkeit. Eisenbahner tragen zudem Pioniergeist in ihrer DNA und ein Eisenbahnerherz in der Brust – starke Anker, die beim Management der Flüchtlingskrise 2015 sofort abgerufen werden konnten. Die Kampagneninstrumente waren eine Microsite samt Folder für die Fahrgäste und Helfer:innen mit dem Claim »Menschlichkeit fährt Bahn«. Die Kampagne wurde 2016 mit dem Österreichischen Staatspreis für Kommunikation und in Deutschland mit dem Preis für Onlinekommunikation in der Kategorie »Krisenkommunikation & Issue Management« ausgezeichnet.

Die erste Aufgabe in einem Transformationsprozess ist es also herauszuarbeiten, was typisch für das Unternehmen ist, was es von anderen Organisationen unterscheidet, welche historischen Erfolge es gibt, was einzigartig ist. Im Change und ganz besonders in der Krise sollten wir nutzen, was sich bereits im Gedächtnis des Unternehmens verankert hat: Was sind vergangene Erfolge, Gründungsmythen, Meilensteine, »Charaktereigenschaften« des Unternehmens, die uns Halt und Energie im

Wandel geben? Wir sprechen hier von **Culture Codes,** ein Set von identitätsstiftenden Merkmalen, die die Kultur des Unternehmens einzigartig machen und den Gründungsgedanken und Emotionen durch die Zeit tragen.

Beispiel: Audi

Wie tief Cultural Codes im Unternehmen und seiner Marke verankert sein können, zeigt der Audi-Slogan »Vorsprung durch Technik«. Wir haben alle das legendäre Bild vor Augen: Der Audi Quattro fährt eine Skisprungschanze aufwärts und hält scheinbar mühelos die Spur. Die hohe Ingenieurskunst des deutschen Autobauers steckt so tief in der Unternehmens-DNA, dass die Agentur, die 1971 den Slogan einbrachte, gar nicht erst lang suchen musste: In einer Fabrikhalle fand man ein Plakat des Deutschen Gewerkschaftsbundes mit dem bis heute geltenden Narrativ.

Das wirksame Handlungsleitbild

Leitbilder gibt es viele – wir haben sie schon im Kap. »Typische Phänomene im Change« in den Fokus gerückt. Aber was braucht es, damit sie nicht nur für die Wand oder die Schublade gemacht sind, sondern das in ihnen schlummernde Potenzial entfalten? Sind sie zu spezifisch formuliert, fühlen sich nur einige wenige angesprochen. Sind sie zu generell gefasst, fühlt sich niemand angesprochen, weil sie zu beliebig sind. Also wählen viele den Weg der »erklärten Kulturleitbilder«: Ein Wert wird kurz und knackig formuliert, dazu gibt es ein Bild und danach folgt die Erklärung, was darunter beispielsweise zu verstehen ist.

Das (häufige) Problem dabei: Diese Methode wirkt nicht. Machen Sie mal die Probe aufs Exempel und fragen Sie in Ihrem

Unternehmen beliebig viele Personen, was im Leitbild steht. Unsere Erfahrung: Stottern, Räuspern, Ähms oder ähnliche Verlegenheitsgeräusche. Dann kommen gelegentlich zwei bis drei Elemente des Leitbilds. Wenn Sie nachfragen, was sie bedeuten, werden Sie vermutlich die zweite Stotterrunde auslösen. Ein wirksames und unterstützendes Leitbild für Ihren Change-Prozess entwickeln Sie auf andere Weise.

Schritt 1: Definieren Sie die Wirkung, die Sie erreichen wollen

Statt sich auf Werte (z. B. Effizienz, Vertrauen etc.) zu konzentrieren, fokussieren Sie sich auf die Wirkung, die sich in Ihrer Organisation entfalten soll oder die Sie gerne stärken wollen.

Beispiel: Zuverlässigkeit

Stellen Sie fest, dass es statt pünktlicher Leistungen elaborierte Ausreden gibt? Dass die Verantwortlichen für Deliveries statt Ergebnissen wortgewaltige Erklärungen präsentieren, warum es nicht möglich war, »in time and quality« zu liefern? Dann kann es eine gute Idee sein, sich auf den gewünschten Effekt »Zuverlässigkeit« zu konzentrieren.

Schritt 2: Fragen Sie sich »Wie kommt es zum angestrebten Effekt?«

Im Beispiel oben ist die Antwort auf die Frage, wie man Zuverlässigkeit erzielt, recht einfach. Überlegen Sie: Was würden Sie als zuverlässiges Verhalten beschreiben? Welche typischen Vorgehensweisen sind nötig, um es herbeizuführen? Vermutlich kommen Sie auf ein ähnliches Ergebnis wie dieses: »Wir liefern pünktlich in der vereinbarten Qualität zum festgesetzten Zeitpunkt zu den festgeschriebenen Kosten.« Da ist alles enthalten, was es für zuverlässige Lieferung braucht. Sie könnten es sogar noch kürzer versuchen: »Ich halte, was ich zugesagt habe.« Formulierungen wie diese haben klare Vorteile: Sie enthalten jeweils eine konkrete Beschreibung eines Verhaltens. Es gibt keinen Raum für Interpretationen; es ist alles gesagt.

Schritt 3: Beschränken Sie sich auf das Wesentliche

Welche Wirkung erreicht ein Leitbild, an das sich niemand erinnern kann? Keine! Leit-Bild im Wortsinn ist ein Bild, das leitet. Das kann aber nur eines sein, das zu jedem Zeitpunkt präsent ist und in den Köpfen und Herzen verankert ist. Wir empfehlen daher eine Reduktion auf drei bis vier Leitsätze, die die wesentlichen Punkte treffen, um Sie in der Krise oder im Change weiterzubringen.

Beispiel: Wie man Pep in eine Sanierung bringt

Wir haben im Rahmen einer Sanierung nahezu 2.000 Menschen mit folgenden einfachen Aussagen in Schwung gebracht: Anpacken, fertig machen, Wort halten und Spaß suchen.

- **Anpacken:** Ran an die Arbeit und nicht erst warten, bis sie einen eingeholt hat.
- **Fertig machen**: Nur was ich an Kund:innen abliefern kann, hat auch einen Wert. Wenn die Reifen eines Autos zu 75 % gewechselt wurden, wie hoch ist dann der Nutzwert? 0 %.
- **Wort halten**: Hier sind wir wieder beim Beispiel oben, Zuverlässigkeit in eine Handlung zu packen.

- **Spaß suchen**: Spaß als Gefühl kann nicht angeordnet werden. Aber es war uns im Sinn des Kommunikationskompasses wichtig, die Konzentration auf den Quadranten rechts oben – positive Zukunft – zu lenken.

Ein Handlungsleitbild ist so klar zu fassen, dass es keine Interpretation zulässt, was zu tun ist. Gleichzeitig ist es so generell zu formulieren, dass es eine möglichst breite Wirkung entfaltet. Und es muss merkfähig sein, damit es immer präsent ist, was wiederum Reduktion und Prägnanz erfordert.

Die Kommunikation entlang der Change-Kurve

Die bekannte Ärztin und Sterbeforscherin Elisabeth Kübler Ross hat mit ihrer Krisenkurve die emotionale und inhaltliche Entwicklung beschrieben, durch die Menschen beim dramatischsten Change-Prozess überhaupt gehen: beim Sterben. Wissenschaftlich konnte nachgewiesen werden, dass Menschen auch in anderen Veränderungsprozessen durch ähnliche Phasen gehen, auch wenn die Auswirkungen nicht ganz so dramatisch sind.

Phase 1: Verweigerung

Auch wenn der Change schon heftig an die Türe pocht, gibt es viele, die dessen untrügliche Zeichen ignorieren.

Beispiel: Verweigerung

Wir können uns noch erinnern, als unmittelbar vor dem ersten Corona-Lockdown im März 2020 einige nicht wahrhaben wollten, dass es in Kürze nicht mehr möglich sein würde, zu reisen, mit anderen in einem Raum zu sitzen oder in ein Restaurant zu gehen. Einige kamen aus dieser Phase nicht heraus und leugneten (bis zum Schluss der Pandemie) die Existenz bzw. die Gefährlichkeit des Virus.

Phase 2: Widerstand

Wenn es dann gar nicht mehr anders geht und Ignorieren nichts mehr nutzt, kommt der Widerstand.

Beispiel: Widerstand

In der Pandemie gab es Widerstand in unterschiedlichster Form – von der Kritik der Maßnahmen bis hin zum schlichten Ignorieren der Vorschriften.

Phase 3: Verzweiflung und rationale Akzeptanz

Nun wird das Unvermeidbare zwar rational akzeptiert. Emotional gibt es dafür umso stärkeren Widerstand. Das ist die Phase, die in und durch das »Tal der Tränen« führt. Sprachlich können Sie das an Formulierungen wie: »Ich verstehe schon, aber …« erkennen. Je stärker sich Menschen mit den alten Umständen identifizierten, umso länger kann diese Phase andauern. Auch hier gilt: Nicht jeder lässt diese Stufe hinter sich, um die wichtige nächste Phase zu erreichen.

Phase 4: Emotionale Akzeptanz und Aufbruch

Change emotional zu akzeptieren, heißt, nicht nur mit dem Verstand, sondern auch mit dem Herzen anzunehmen, dass die Dinge so sind, wie sie sind, und dass das geschehen wird, was unvermeidbar ist. Diese Akzeptanz ist die Voraussetzung für den

Aufbruch. Nur wer wirklich das Alte hinter sich lässt, kann für das Neue bereit sein.

Phase 5: Die neue Routine

Das Neue ist zur Gewohnheit geworden, Vorteile werden ohne Vorurteile angenommen und genutzt. Man öffnet sich mental und emotional für die Möglichkeiten, die sich durch die Veränderung bieten. Dieser Abschluss des Change ist in unseren Zeiten nichts anderes als die Absprungbasis für die nächste Transformation. Nach dem Change ist vor dem Change.

Die richtige Change-Kommunikation für jede Phase

Was bedeuten diese Phasen für die Change-Kommunikation? Menschen haben in jeder Change-Phase unterschiedlichen qualitativen Kommunikationsbedarf. Welcher das ist und wie Sie als Führungskraft in der Change-Kommunikation auf diese unterschiedlichen Phasen eingehen können, erfahren Sie in der folgenden Tabelle.

Phase	Bedarf	Empfohlene Kommunikation
Verweigerung	Stabilität	Liefern Sie nachvollziehbare und belastbare Fakten.
Widerstand	Ernst genommen werden, gehört werden.	Nehmen Sie sich Zeit, die Gründe für den Widerstand zu verstehen. Hören Sie zu, versuchen Sie, eher Fragen zu stellen, als mit Argumenten gegenzuhalten.

Phase	Bedarf	Empfohlene Kommunikation
Verzweiflung	Empathie	Erkennen Sie den Verlust an. Leiten Sie durch Fragen.
Emotionale Akzeptanz	Unterstützung für das Neue	Offerieren Sie Schulungen, bieten Sie Ressourcen und Coaching an.
Integration	Anerkennung, Wertschätzung des Einzelbeitrages	Binden Sie Ihre Mitarbeiter:innen ein, bieten Sie Teambuilding-Maßnahmen und Gelegenheiten zur CoCreation an.

Sie können nun vermutlich nachvollziehen, warum eine phasenkonforme Kommunikation im Change wichtig ist. Falls Sie noch Zweifel haben, versuchen Sie sich vorzustellen, Sie haben starke Schmerzen, sind verzweifelt und jemand steht vor Ihnen und sagt: »Deine Schmerzen haben auch Vorteile.« Sie werden das im besten Fall als unpassend, eher jedoch als provokant oder zynisch empfinden.

> Je nach Phase im Change haben Menschen unterschiedliche Kommunikationsbedürfnisse. Für Führungskräfte ist es wichtig, diese ernst zu nehmen und auf diese einzugehen, selbst wenn der Phasenwechsel manchmal nicht so schnell gehen mag, wie man sich das wünscht.

Gerüchteküche und die Folgen

Es gibt ein paar Dinge, die Sie trotz bester und konsequentester Vorbereitung und Umsetzung Ihrer Change-Kommunikation nicht verhindern können. Eines davon ist der Flurfunk. Hier eine Auswahl typischer Gründe, wie es zu Gerüchten kommt.

1. **Informationsvakuum**: Vor allem in den Startphasen des Ch-

ange sind oft viele Themen noch nicht geklärt, Ziele stehen noch nicht fest oder Entscheidungen sind noch nicht getroffen. Getreu der Regel, über ungelegte Eier nicht zu sprechen, kann es dann leicht zu einem Informationsvakuum kommen. Denn dass etwas bevorstehen mag, haben die meisten trotzdem bereits wahrgenommen. Aus unserer Erfahrung ist das ein Geburtshelfer für Gerüchte, der nahezu unvermeidbar ist.

2. **Mehrdeutige oder widersprüchliche Botschaften**: Die nachvollziehbare Verunsicherung von Menschen in der Transformation führt automatisch zu einem Schutzverhalten. Wenn dieses nun durch Unklarheit oder Widersprüchlichkeit verstärkt wird, ist es eine natürliche Reaktion, mit anderen Betroffenen in Kontakt zu treten und über die nun offensichtlichen Fragen zu sprechen – ein perfekter Nährboden für Informationsirrläufer.
3. **Grundsätzliche Sensationslust**: Es ist kein Zufall, dass Zeitungen mit aufreißerischen und skandalisierenden Headlines höhere Aufmerksamkeit und bessere Verkaufszahlen erzielen als Fachzeitschriften, die Themen differenziert aufarbeiten. Und das, obwohl der intellektuelle Mehrwert der zweiten Kategorie auf der Hand liegt. Kaum jemand würde in einem ernsthaften wissenschaftlichen Diskurs die »Bild«-Überschrift des Tages als Quelle heranziehen. Und dennoch finden diese Botschaften rasch emotionale Zustimmung und Gefolgschaft. Fake News als hybride Mischung aus Scheinfakten und Skandalisierung sind zu einer besonders gefährlichen Mischung geworden. Sie geben vor, tatsächlich profund zu sein, verfolgen aber meist weitreichende Manipulationsabsichten.

Da dies ein soziologisches Phänomen ist, können Sie dagegen nur wenig tun. Sie sollten jedoch bei der strategischen Planung und Umsetzung Ihrer Change-Kommunikation diese Mechanismen und Strömungen mitberücksichtigen.

Was kann man gegen Gerüchte tun?

Auch wenn keine hundertprozentig wirksame Medizin gegen Gerüchte existiert, gibt es durchaus ein paar Grundsätze, die Sie dabei unterstützen, effektiv gegen die schädlichen Wirkungen vorzugehen.

1. **Sorgen Sie vor, möglichst schnell.** Je früher Sie mit Ihren Botschaften an die Belegschaft herantreten, umso weniger Zeit bleibt für die Zubereitung von Fake News in der Gerüchteküche. Behalten Sie jedenfalls den Lead, wenn es um Informationen geht.
2. **Treffen Sie Gegenmaßnahmen, möglichst schnell.** Ab und zu lassen sich Gerüchte einfach nicht verhindern. Wenn Sie nicht mehr vorbeugen können, sondern zur Reaktion gezwungen werden, tickt ebenfalls die Uhr: Handeln Sie auch dann möglichst rasch. Geben Sie durch entschiedene, gut vorbereitete und abgestimmte Gegenkommunikation der pandemischen Ausbreitung von schädlichen Artefakten keine Chance.
3. **Strafen Sie die Gerüchte Lügen.** Heben Sie positive Gegenbeispiele hervor. Idealerweise sind dies Credentials, also tatsächliche Zitate mit Bildern oder gar Videos von Mitarbei-

ter:innen, die als positive Referenzen den Schadbotschaften entgegenwirken.

4. **Verstärken Sie die Präsenz.** Anwesenheit ist eine mächtige Göttin – diese freie Adaption eines Zitats von Goethe erweist sich in Transformationsprozessen als eine der wichtigsten Grundlagen für wirksame Kommunikation. Seien Sie präsent, denn hinter dem Rücken lügt sich's leichter als in der direkten Konfrontation.

Multikanal und Social Media – analog und Dialog

Was haben das Metaverse, ChatGPT, Künstliche Intelligenz, Web 3.0. und andere digitale Entwicklungen gemeinsam? Sie alle erweitern unsere analoge Realität um eine neue virtuelle Kommunikations-Dimension. Das ist Fluch und Chance zugleich. Jedenfalls entkommt man diesem digitalen Hyperloop nicht mehr. Wir empfehlen aber, nicht jedem Trend hinterherzulaufen, sondern sich darauf zu konzentrieren, was wirklich wichtig ist und bleibt: der Inhalt und seine Botschaft.

> Der kanadische Medientheoretiker Marschall McLuhan postulierte einst »The medium is the message«. Unserer Erfahrung nach ist es genau umgekehrt: In der Change-Kommunikation bestimmt das Medium nicht die Botschaft, sondern die Botschaft bestimmt das Medium und den Kanal. Und den Kanal bestimmt die Zielgruppe, die die Botschaft erreichen soll. Der Wert der Kommunikationsstrategie liegt einzig und allein im Denken und nicht im Werkzeug.

Welche Kanäle wofür? Die Auswahl von Botschaft und Kanal

Organisationen ändern sich erst, wenn Menschen sich verändern. Das beste Programm, die schönste Zukunftsvision nutzt nichts, wenn Teams und Mitarbeiter:innen nicht folgen können. Um den Wandel spürbar zu machen und das Alltagsverhalten zu verändern, braucht es visuelle Anleitungen, Vorbilder, Aufforderungen und Motivation. Remote Working, mobile Arbeitsplätze machen es nicht unbedingt leichter, alle im Unternehmen zu koordinieren und zu erreichen. Die neue Art des Arbeitens fordert neue, innovative Kommunikationsformate. Die besten und effektivsten Formate sind visuell und digital: **visueller Content** in Bewegtbild und **Infografiken** – am besten digital animiert. Print-Versionen sollten auch, aber nur ergänzend, vorliegen. Die wichtigste Übung zum Start ist der **Kommunikationsfahrplan** entlang der vier Phasen der Veränderungskommunikation und der Zielgruppen, die es in der jeweiligen Phase zu erreichen gilt.

Effektive Kommunikationstools zum Start – Beispiele

- Eine **Messagebox für Führungskräfte**, die das Change-Narrativ, die Change Story und die wichtigsten Maßnahmen so zusammenfasst, dass sie einfach weitererzählt werden können.
- Ein **Handout**, eine Broschüre, die die Change Journey als Reise darstellt und die einzelnen Stationen gut erklärt.
- Eine **Microsite** – eine kleine Website, die unabhängig von der Unternehmenswebsite ist oder auch eine eigene Seite im In-

tranet – unterstützt die Reise und aktualisiert Informationen. Sie ist idealerweise interaktiv und bietet Raum für Feedback, Dialog und eigenen Mitarbeitercontent.

- Ein **Poster**, das aktivierend und auffordernd das Wir-Gefühl anspricht und die interaktive Microsite bewirbt.
- Sofern bereits eine **Mitarbeiter-App** existiert, sollten die wichtigsten Infos zum Change-Prozess (z. B. Termine, Veranstaltungen etc.) dort integriert werden.
- Sehr hilfreich sind **Infografiken**, entlang derer die Führungskräfte mit ihren Teams die Change-Ziele im Dialog gemeinsam besprechen können. Sie helfen dabei, eine gemeinsame Wirklichkeitskonstruktion herzustellen, Erwartungshaltungen auszugleichen und auszurichten. Das Außerstreitstellen von Fakten ist die wichtigste Grundlage, um die Kaskadierung der einzelnen Change-Handlungsfelder in der Organisation sicherzustellen.

Reichweite, Zugänglichkeit und Transparenz schaffen

Top-down-Kommunikation ist zwar die richtige Richtung, um Change-Botschaften im Unternehmen zu kaskadieren. Sie sollten sich jedoch nicht darauf verlassen, dass alles während dieses Wegs so ankommt, wie ursprünglich gewollt. Nicht jede Führungskraft ist ein Kommunikationstalent und nicht alle Mitarbeiter:innen sind gleichermaßen erreichbar. Ein bisschen Schwund ist, trotz bester Absicht und Planung, immer einzupreisen. Daher konzentrieren wir uns auf die effektivsten Tools und Skills, um möglichst viele, möglichst niederschwellig zu erreichen und dabei möglichst transparent zu bleiben. Was wir dafür brauchen, sind folgende Zutaten.

- **Ein gutes digitales Tool für die interne Kommunikation**, wie z. B. das Intranet/Unternehmensnetzwerk, die Mitarbeiter-App, eine Messaging-Plattform. Damit erreichen Sie nicht nur die Digital Natives, sondern so gut wie alle Mitarbeiter:innen, die digital vernetzt sind. Vorteil ist, dass wir in solchen internen Kanälen Botschaften und Tonalität besser aussteuern können.
- **Neue analoge Prozesse und Fähigkeiten**, wie z. B. Co-Creation/Kollaboration, agile Formate, die darauf abzielen, eine Change-Haltung einzunehmen. Unter anderem erlernen die Teilnehmer:innen Fähigkeiten, ihre Zusammenarbeit silo-übergreifend im Unternehmen neu zu definieren.

- **Führungskräfte zu effektiven und authentischen Kommunikator:innen ausbilden**: Es gibt keine bessere Gelegenheit als jetzt, auch die Führungskräfte auf Kommunikation als Leadership-Instrument einzuschwören. Dass das nötig ist, macht eine Gallup-Studie aus 2021 klar: Führungskräfte sind für 70 % des Mitarbeiterengagements verantwortlich. Ausbildung und Skills-Training insbesondere für neue Medien (Video, Podcast, LinkedIn usw.) sind jetzt angesagt.
- **Feedbackschleifen und Rückkoppelung einbauen:** Geht der Change-Plan auf oder stockt er vielleicht gerade an einer bestimmten Stelle? Es gibt keine bessere Möglichkeit Abweichungen festzustellen, als einfach nachzufragen. Dabei können auch Biases, also kognitive Verzerrungen, und Gerüchte, die sich zu hartnäckigen Mythen auswachsen könnten, rechtzeitig erkannt und abgefangen werden. Form (analog oder digital) und Umfang des Austausches sind dabei nicht so wichtig wie das Nachfragen selbst.
- **Vergessen Sie nicht die Fernarbeitskräfte:** Remote Workers und mehrere Standorte sind immer eine besondere Herausforderung für durchgängige Kommunikation. Stellen Sie daher sicher, dass auch die Mitarbeiter:innen im Homeoffice und jene, die keinen Zugang zum Computer haben, gut in den Informationsfluss eingebunden werden. Da heutzutage wohl niemand mehr ohne Mobiltelefon ist, eignen sich Mitarbeiter-Apps am allerbesten für die durchgängige Erreichbarkeit.
- **Teambindung fördern** heißt nicht unbedingt, aufwendige Breakouts zu organisieren. Es geht auch einfach und günstig:

Stellen Sie Ihren Teams doch mal ein kleines Budget zur Verfügung, um selbst etwas Informelles zu organisieren. Auch im Büroalltag sind kleine Interventionen immer willkommen: ein Stand-up-Meeting, ein spannender Überraschungsgast von außen, eine Lego®-Serious-Play®-Session. Alles ist erlaubt, Hauptsache, es findet ein dynamisierender Perspektivenwechsel im Alltag statt.

Den IKEA-Effekt nutzen

Eine Studie der Harvard Business School aus dem Jahr 2011 zeigt, dass Menschen für selbst zusammengebaute Möbel 63 % mehr bezahlen würden als für ähnliche, vormontierte Artikel. Woran das liegt? Wir empfinden Produkte als wertvoller, wenn wir sie selbst hergestellt oder fertiggestellt haben, weil wir uns dadurch kompetenter und mit dem Werk verbundener fühlen. Diesen in der Verhaltensökonomik als IKEA-Effekt bekannten Zuwachs an Wertschätzung machen sich auch agile Co-Creation-Methoden der Zusammenarbeit zunutze.

Eine Change-Strategie mag noch so sorgfältig erarbeitet worden sein, es gibt immer noch Raum für die Betroffenen, selbst Hand anzulegen, wenn es um die Planung der Umsetzung geht. Anders gesagt: Eine Change-Maßnahme, die wir selbst mitgestaltet haben, wird wesentlich erfolgreicher sein als eine, die verordnet wurde.

Change-Fragen

Alles beginnt bekanntlich mit der richtigen Fragestellung. Setzen wir mal voraus, dass die Change-Strategie die »Meta-Frage« bereits beantwortet und passende Rollout-Maßnahmen definiert hat. Für die Mikro-Ebene wird die Frage wesentlich präziser zu stellen sein. Hier ist die Technik der Design-Fragen ein perfektes Tool, um Exekution und Commitment zu erwirken. Eine Design-Frage ist eine offene »Wie können wir …?«-Fragestellung. Sie enthält keine Lösung, gibt aber einen präzisen Hinweis auf den Zweck und ermöglicht so eine kreative Lösungsfindung.

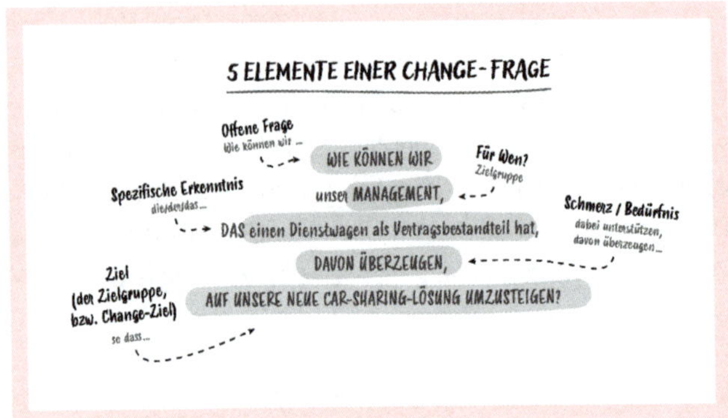

Interne und externe Kanäle

Homeoffice, dislozierte Arbeitsplätze und flexible Arbeitszeiten – geografische, räumliche und zeitliche Distanz machen es besonders schwer, zielgenau zu kommunizieren. Formelle (Newsletter, Intranet-Postings) oder informelle Kommunikationskanäle (Ad-Hoc-Meetings, Kaffeeküche, Pausengespräche) verlieren hier an Bedeutung. Informations-Updates treffen auch zunehmend weniger das Transparenz-Bedürfnis jüngerer Generationen. Weil es erwiesenermaßen so ist, dass man seinem Unternehmen mehr traut als der Politik, wird es in Zukunft vor allem darum gehen, das Vertrauen in die Unternehmensinformation abzusichern.

Informelle Unternehmenskommunikation findet heute in den Sozialen Medien statt. Deshalb sollte die interne Kommunikation besonders wachsam auf Falschmeldungen achten und Management und Mitarbeiter:innen aktiv dabei unterstützen, zwischen Wahrheit und Unwahrheit zu unterscheiden. Umso wichtiger sind jetzt die Reorganisation und vor allem Verstärkung der internen Kommunikation. Wer hier nur an Zusatzkosten denkt, liegt falsch: In Zeiten des Arbeitskräftemangels ist interne Kommunikation ein ganz neues und breites Spielfeld für innovative Employerbrand-Maßnahmen. Gute Mitarbeiterkommunikation ist jedenfalls längst kein Nice-to-have mehr, sondern unverzichtbar, um im umkämpften Arbeitnehmer-Markt zu überleben. Am besten Sie fangen daher bereits vor dem Change an, einen Newsroom aufzusetzen, der sowohl die internen wie auch die externen Kanäle steuert. Spätestens jetzt sollte nämlich die klassische organisatorische Trennung zwischen interner und externer Kommunikation aufgelöst werden. Große Unternehmen wie BMW und Lufthansa machen es vor: Sie trennen nicht mehr zwischen interner und externer Kommunikation und setzen auf das Corporate-Newsroom-Prinzip.

Smart Data und Künstliche Intelligenz ziehen ein, ob wir wollen oder nicht. Sie bieten riesige Chancen für Newsrooms als effiziente Produktions- und Steuerungseinheiten, die für konsistente Botschaften sorgen. In Zukunft wird es darauf ankommen, richtig und verantwortungsvoll mit den Datenanalyse-Tools (Web Analytics, Social Media, CRM) und den von der KI gelieferten Ergebnissen umzugehen. Dafür braucht es geschulte Mitarbeiter:innen, die unter anderem Faktenchecks und das Urheberrecht beherrschen.

Social Media und Employer Branding

People Centricity ist die neue Customer Centricity. Die Grenzen zwischen intern und extern verschwimmen, weil sie auch zwischen Mitarbeiter:innen und Kund:innen nicht mehr so scharf gezogen werden können. Effektive interne Kommunikation ist der wichtigste Hebel für eine positive Employee-Experience und Unternehmenskultur. Auch wenn Facebook, Instagram, Twitter, LinkedIn bisweilen den informellen Klatsch und Tratsch aus der Kaffeeküche ins Netz geholt haben, kann man diese Entwicklung sinnvoll nutzen. Schnelle, regelmäßige und glaubwürdige interne Kommunikation kann nämlich wertvollen Content und Change-Botschaften produzieren, die im Netz einen positiven Halo-Effekt (siehe Glossar) haben können. Sogenannte Corporate-Influencer können sehr glaubwürdige Unternehmensbotschafter:innen sein. Die Employerbrand wird davon profitieren, vorausgesetzt, man macht es richtig.

Für die Change-Kommunikation haben wir folgende drei pragmatische Tipps im Umgang mit Social Media:

1. Wir empfehlen, schon jetzt weniger auf »Kanalarbeit«, die jeweils nur einen Medienkanal (Social-Media-Kanäle oder Intranet oder analoge Formate) bedient, zu setzen. Fokussieren Sie sich besser auf die Produktion von gutem Content entlang der Change-Strategie und ihrer Umsetzung. Geben Sie gezielt **Content** frei für die Kommunikation über Privat-Accounts des Managements und bestimmter Mitarbeiter:innen.
2. Fragmentierte Zielgruppen brauchen **differenzierte Ansprachen**. Finden Sie heraus, welche Kanäle bei Ihren Mitarbeiter-Zielgruppen am beliebtesten sind. Versuchen Sie passgenaue Botschaften zu produzieren, die Sie diesen Zielgruppen zur Verfügung stellen.
3. Etablieren Sie rechtzeitig eine **Social Media Policy**, die regelt, wie Management und Mitarbeiter:innen über das Unternehmen kommunizieren und vor allem in welcher Rolle sie das tun. Nur allzu oft ist den Mitarbeiter:innen nämlich gar nicht klar, dass sie beim Posten beruflicher Inhalte in Sozialen Medien als Privatperson auftreten und nicht für den Arbeitgeber. Die rechtlichen Grenzen sollten jedenfalls klar ausgesprochen werden. Sorgen Sie im Rahmen dieser Policy auch dafür, dass nicht überbordend und belanglos gepostet wird. Ein Manager, der täglich ein Selfie von sich und seiner Arbeit postet, läuft Gefahr, als unproduktiver Frühstücksdirektor wahrgenommen zu werden. Zu viel Ego-Selbstvermarktung wirkt sich als sehr demoralisierend auf den Rest des Unternehmens aus.

Checkliste für Ihre Change Story

Testen Sie Ihre Change Story anhand dieser Checkliste.

Checkliste: Change-Story

- **Einfach**: Aufbau und Sprache sind simpel und die Story ist leicht nachzuerzählen. Ihr Narrativ ist in max. 2 Sätzen verdichtet. Faustregel: Je komplexer der Sachverhalt, desto einfacher muss die Story sein.
- **Plausibel**: Behauptungen und Argumente sind schlüssig nachvollziehbar.
- **Emotional**: Unsere Gefühle werden dann angesprochen, wenn wir persönliche Berührungspunkte mit der Geschichte haben.
- **Bildhaft**: Die Story animiert das Kopfkino. Visuelle Hilfsmittel und Beispiele sind ausdrücklich erlaubt.
- **Ehrlich**: Es herrscht Konsistenz und Kohärenz der Botschaften und Fakten. Es sind keine Widersprüche enthalten.
- **Spannung**: Das zu überwindende Problem, die Herausforderungen sind groß genug, um uns aus der Komfortzone herauszuholen.
- **Informativ**: Die Geschichte betrifft mich als Empfänger:in. Sie hat einen Nutzen und ist neu.
- **Relevant**: Die Interessen und Bedürfnisse der Zielgruppe werden erkannt und angesprochen.
- **Wir-Gefühl**: Die kollektive Intelligenz der Gruppe wird angesprochen.
- **Happy End**: Am Ende wird alles besser sein als vorher. Es muss sich lohnen, für das Ziel zu kämpfen.
- **Aufforderung**: Was sollen die angesprochenen Helfer:innen jetzt tun? Was ist der Call to Action? Die nächsten Handlungsschritte werden klar aufgezeigt.

Drei einfache Frameworks für einen Präsentationsaufbau

Die drei schnell und einfach umsetzbaren Tools, die wir Ihnen hier vorstellen, sind besonders für sehr funktionale, technisch orientierte Unternehmen und deren Manager:innen hilfreich. Sie ersetzen keinesfalls die Technik des Storytellings, um die Change-Strategie zu transportieren. Aber sie eignen sich sehr gut für schnelle Präsentationen und Workshops, z. B. beim Roll-out der Change-Strategie im Unternehmen und mit Stakeholdern.

1. Reflexionsmodell »Was? – Na und? – Was jetzt?«

«What? So what? Now what?" ist ein Reflexions-Modell, das Teams hilft, eine gemeinsame Erfahrung zu bewerten, kritisch zu reflektieren und Lösungen dafür zu identifizieren (Rolfe, 2001). Es eignet sich besonders für Akutsituationen, Kriseninterventionen und somit auch für Stehgreifreden. Wie Sie es für Präsentationen anwenden:

1. Sagen Sie zuerst, worum es geht (»Was?« = Situation verstehen).
2. Erklären Sie dann, warum es wichtig ist (»Na und?« = Fakten und Implikationen verstehen).
3. Formulieren Sie abschließend, was Sie oder Ihre Zuhörer:innen als Nächstes tun sollten (»Was jetzt?« = Vorgehensweise identifizieren).

2. Story-Bogen kompakt

Mit dieser Technik zeichnen Sie den Story-Bogen in gekürzter Form nach. So gehen Sie vor:

1. Die **Vergangenheit**: Starten Sie mit der Darstellung des gemeinsamen Kontexts und erklären Sie, wie und warum Sie an diesen Punkt gekommen sind.
2. Die **Gegenwart**: Sprechen Sie über die Herausforderungen und Chancen im Heute.
3. Die **Zukunft**: Schließen Sie mit einem Blick in das Morgen ab.

3. Zielsetzung -> Alternativen -> Bewertung

Dieses Tool eignet sich hervorragend für Diskussionsrunden mit 6 bis 12 Personen, in denen es darum gehen soll, *wie* das Ziel am besten erreicht werden kann. So gehen Sie vor:

1. **Zielsetzung:** Starten Sie damit, das Ziel (der Strategie des Teams etc.) zu formulieren. Halten Sie kurz inne, um sicherzustellen, dass das Ziel für alle klar ist und außer Streit steht.
2. **Alternativen:** Skizzieren Sie verschiedene Wege zum Ziel. Das können Sie gemeinsam im Team machen oder auch vorbereiten und zur Diskussion stellen.
3. **Bewertung:** Abschließend bewerten Sie gemeinsam mit den Beteiligten die einzelnen Wegvarianten. Definieren Sie dafür zunächst, welche Bewertungskriterien (Je strenger, desto besser!) angewendet werden sollen, um das Entscheidungsergebnis später auch glaubhaft an andere zu vermitteln.

Mit Kommunikation in die Zukunft

Veränderung ist Fortschritt und Weiterentwicklung. Allerdings nur, wenn es gelingt, das im Change-Prozess Erreichte zur neuen Normalität zu machen. In diesem Kapitel erfahren Sie unter anderem,

- welch wichtige Rolle Kommunikation dabei spielt,
- welche Fallen und Saboteure auf Sie lauern und
- auf welche Erfolgsfaktoren Sie bauen sollten.

Der Mehrwert der Kommunikation

In Zeiten des Arbeitskräftemangels, des War of Talents und zunehmender Employerbrand-Offensiven ist Kommunikation die Königsdisziplin der Transformation. Unternehmen stehen ja nie ausschließlich für ihre funktionale Leistung. Was sie wertvoll macht, sind ihre Bedeutungssyteme, anhand derer Mitarbeiter:innen und Kund:innen die Unternehmensleistung erkennen und spüren. Umso attraktiver die Bedeutung ist, desto höher ist die Identifikation mit Unternehmen und Marke. Heute besteht die Herausforderung darin, die Bedeutung mit Werten jenseits des Produkts, also über die eigentliche Unternehmensleistung hinaus, aufzuladen. Mitarbeiter:innen und Kund:innen wollen genau wissen, welche Mission oder welcher »Purpose« verfolgt wird, wie die Haltung des Unternehmens im gesellschaftlichen Kontext ist.

Erfolg haben jene Marken, die attraktive Werte glaubwürdig an sich binden. Dabei geht es nicht nur um moralische Werte, sondern auch um Erwartungshaltungen. Eine gute Unternehmens- und Führungskultur steht heute ganz oben im Erwartungsranking jüngerer Mitarbeiter:innen. Und Konsument:innen richten ihre Kaufentscheidung zunehmend an Transparenzkriterien zu Produktherkunft, Lieferketten, Umwelt- und Sozialengagement aus. Das alles muss täglich sichtbar und validiert werden – eine Leistung, die nur durch Kommunikation erbracht werden kann.

> Die gute Nachricht: Alles, was wir im Change gut und richtig gemacht haben, bleibt auch danach erhalten, sowohl Strukturen wie auch Mindset. Am Ende bleibt (hoffentlich) eine neue Kultur der Zusammenarbeit und des Dialogs. Ebenso Bestand haben erlernte Change-Muster und -Routinen, die wir bei der nächsten Krise abrufen können und das Unternehmen resilienter machen.

Fit werden und vor allem: fit bleiben

In der Change-Kommunikation und der Kommunikationskultur ist es so wie beim Abnehmen: Das Ziel zu erreichen, ist die eine Sache, aber wie ist es mit dem Halten des Wunschzustands? Das eine geht nicht unbedingt einher mit dem anderen. Zielerreichung bedeutet also nicht zwangsläufig, dass wir die Routine verändert, also eine neue Gewohnheit etabliert haben.

Falle Nr. 1: Die Macht der Gewohnheit

Menschen zeigen eine sehr hohe Resilienz darin, so zu bleiben, wie sie sind. Was bedeutet das für die Kommunikation im Change und in der Krise, die beide jeweils mit oft dramatischen Veränderungen einhergehen?

Beispiel: Der Rückfall

Einen unserer Kund:innen – ein Unternehmen mit mehr als 9.000 Mitarbeiter:innen – stellte die Corona-Pandemie vor die Herausforderung, den Spagat zwischen gewerblichen Mitarbeiter:innen und internen Expert:innen zu meistern. Die einen arbeiteten von zu Hause aus, die anderen mussten vor Ort dafür sorgen, dass der Laden lief. Die eher klassische Organisation mit einer hierarchischen Struktur lernte rasch, mit der Situation umzugehen. Krisen managen war und ist eine der Kernkompetenzen dieses Unternehmens. Da war die Herausforderung der Krise ein Arzneimittel gegen verkrustete Gewohnheiten. Plötzlich war es »in«, über Abteilungsgrenzen hinaus zu funktionieren. Videokonferenzen – bis dahin ein absolutes Tabuthema – wurden so beliebt, dass die Standarddauer für Meetings in Outlook »von oben« um 5 bzw. 10 Minuten verkürzt wurde, damit noch Zeit für die eigentlichen Aufgaben Biologie und Logistik blieb. Schnellere Abstimmungsrunden, rasche Entscheidungen und direkte Kommunikation waren weitere positive Aspekte, die die Menschen in der Krise lernten und einübten – aber leider nicht zur Routine machten. Denn als es nach der Pandemie keine Einschränkungen mehr gab, wurde das Programm auf »normal« zurückgefahren. Das bedeutete: Rückkehr zum Alten. Was unter Druck erlernt wurde, geriet ohne Druck wieder in Vergessenheit. Statt einer neuen Norm gab es wieder das alte Normal.

Die einmal erworbene Fitness zu behalten, ist eine Herausforderung, bei der ein simples Erziehungsprinzip hilft. So wie viele Eltern, die ihren Kindern Tischmanieren beibringen wollen, das so lange machen, fordern, begünstigen, unterstützen, bis es irgendwann funktioniert, hilft auch Ihnen die Einstellung »Ich bin sturer als ihr«, wenn es darum geht, kommunikationsfit zu bleiben und so die neue, unterstützende Kommunikationskultur als neue Gewohnheit einzuführen.

Tatsächlich ist das Fit-Bleiben die größere Herausforderung als das Fit-Werden.

Weitere Fallstricke und Saboteure und wie Sie sie umgehen

In diesem Kapitel stellen wir Ihnen eine erlesene Auswahl an weiteren Erfolgsverhinderern und Saboteuren einer unterstützenden Change-Kommunikation und einer starken Unternehmenskultur vor. Und Sie erfahren, wie Sie Ihnen entgegenwirken können.

Der Teufelskreis des operativen Geschäfts

»Und dann kam das Alltagsgeschäft dazwischen …«, hören wir oft als Erklärung dafür, warum nötige Maßnahmen letztlich nicht umgesetzt wurden. Viele Verantwortliche sind tatsächlich so gefordert, dass sie mit dem zusätzlichen Aufwand, der mit Change einhergeht, ihre Belastungsgrenze erreichen. Wer schon 50 Stunden und mehr mit operativen Aufgaben pro Woche beschäftigt ist, zeigt nachvollziehbar wenig Begeisterung, noch weitere zehn Stunden für die nötige integrierende und orientierende Change-Kommunikation aufzuwenden.

Leider werden hier die Prioritäten oft falsch gesetzt. Es ist ein fataler Kreislauf: Führungskräfte haben keine Zeit, sich um ihre Mitarbeiter:innen zu kümmern. Weniger Integration führt zu Frustration bei Leistungsträger:innen, Frustration führt zu höheren Kündigungsquoten, diese wiederum führen zu noch mehr Arbeit für die Verbliebenen. Dieser Kreislauf lässt sich nur unterbrechen, indem man etwas opfert: Ergebnisse, Mitarbeiter:innen, sich – oder alles in der Reihenfolge.

> Unsere Empfehlung: Egal, wieviel los ist – wenn Sie eine Krise zu bewältigen haben oder mitten in einer kritischen Veränderungsphase stecken, räumen Sie der integrierenden und orientierenden Kommunikation Priorität A ein. Nehmen Sie sich die Zeit dafür!

Die Angst vor Konflikten

Ja, es kann unangenehm werden. Vor allem, wenn – wie häufig – bei Krisen und bei Change tatsächlich Menschen den Job verlieren oder weniger verdienen, ihre Kompetenzen eingeschränkt werden oder einfach mehr zu tun ist.

Es ist nur zu verständlich, dass die Betroffenen ihren Unmut dann auch kundtun. Wie das geschieht, hängt vom persönlichen Stil ab. Es gibt laute, verhaltene, wiederkehrende oder – besonders gefährlich – stumme Konfliktstile. Was sie alle gemeinsam haben: Sie adressieren genau das, worüber Führungskräfte gerade nicht so gerne sprechen wollen, vor allem, wenn es dafür aktuell keine Lösung gibt.

Das Totschweigen von Konflikten löst diese allerdings nicht, sondern verschleppt sie nur. Konflikte verhalten sich dann wie Krankheiten: Sie werden chronisch. Der Irrglaube, dass das Ignorieren von kritischen Themen das kritische Thema löst, existiert leider nach wie vor häufig und zählt zu den am meist verbreiteten Führungsschwächen.

> Unsere Empfehlung: Ran an den Schmerz! Wenn Sie tatsächliche oder potenzielle Konflikte orten, dann suchen Sie zeitnah den Kontakt zu den Betroffenen und sprechen Sie Klartext. Versuchen Sie nicht, kritische Dinge zu beschönigen und zeigen Sie Verständnis für Ärger oder Frustration.

Überzogener Optimismus – grenzenloser Pessimismus

Diese beiden Unheilsgeschwister treten häufig gemeinsam auf. Während die Führungsseite sich und anderen den Change in den schönsten Farben ausmalt – was zu fatalen Fehlentscheidungen führen kann –, gibt es auf der Mitarbeiterseite die nur zu gut verständliche Gegenreaktion: die Erwartung der Apokalypse in Form von Massenentlassungen, Standortschließungen und dem Wegfall der Lebensgrundlagen.

Die subjektiven Filter, die in Drucksituationen auf einen noch engeren Fokus gestellt werden, drängen Menschen in ihrer Wahrnehmung in jene Ecken, aus denen sie kommen. Der Optimist wird Fantast, der Pessimist wird Fatalist. Das basiert auf folgendem Grundmuster: Jede Übertreibung, jede Botschaft, die nicht nachvollziehbar und ausreichend durch Fakten abgesichert ist, ruft adäquate Gegenreaktionen hervor. Während auf Unfreundlichkeit meist auch mit Unfreundlichkeit reagiert wird, gibt es auf nicht nachvollziehbaren Optimismus in Krisensituationen erstmal Skepsis und im weiteren Verlauf Pessimismus, der bis zur Schwarzmalerei ausarten kann.

Auch wenn Optimismus grundsätzlich als Haltung und Lebensprinzip zu besseren Ergebnissen führen mag, darf das nicht bedeuten, dass es zu einer verzerrten Wahrnehmung von Wirklichkeiten kommt. Wenn Absatzschwierigkeiten zu Liquiditätsengpässen führen, reicht Optimismus als Lösung nicht aus. Es sind dringend Handlungen nötig, um diese Situation abzuwehren. Die Botschaft: »Es ist kritisch, aber wir werden es hinbekommen, wenn …«, ist deswegen auch hilfreicher als ein lapidares: »Kein Problem, das wird schon wieder …«

> Unsere Empfehlung: Zeigen Sie begründeten Optimismus und hinterfragen Sie Schwarzmalerei. Hält Ihr Gegenüber hartnäckig am Problem fest, fragen Sie nicht nach den Gründen, sondern nach den nötigen Handlungen, um wieder auf Kurs zu kommen.

Wenn es um Nachhaltigkeit geht: die Bullshit-Bingo-Falle

Heute kommt keine Unternehmenskommunikation mehr ohne grünen Anstrich aus. Dieser Lack ist aber sehr schnell wieder ab, wenn »Nachhaltigkeit« als moralische Aufwertung des wirtschaftlichen Tuns eingesetzt wird. Greenwashing ist nämlich in erster Linie eine Kommunikations-Untugend, die auf der Annahme fußt, dass Nachhaltigkeit eine Tugend sei. Vorsicht also bei bedeutsam klingenden Begriffen, die den Eindruck erwecken sollen, man würde die gesamte Wertschöpfungskette und die Unternehmenskultur ESG-konform ausrichten. Ganz vorne mit dabei beim Bullshit-Bingo sind Aussagen wie »verantwortungsvolles Wirtschaften«, »Nachhaltigkeit und profitables Wachstum gehören zusammen«, »Wir verpflichten uns, bis 2050 klimaneutral zu sein«. Sätze wie diese sind schnell enttarnt, wenn man sich nur ansatzweise mit den ESG-Zielen auskennt. Wer also keine klaren, messbaren Ziele und Evidenzen einer auf Nachhaltigkeit ausgerichtete Strategie liefern kann, sollte sich besser nicht mit austauschbaren Zuschreibungen durchschummeln.

Besser wäre es hier, klare Kante zu zeigen:

- Wie sieht es um das Risikomanagement aus?
- Wie werden die Lieferketten geprüft?
- Gibt es einen Chief Sustainability Manager?
- Wie sieht die Verankerung in der Governance, im Management aus?

Als Berater erleben wir es nur zu oft, dass Unternehmen oft nachhaltiger agieren, als sie von sich selbst wissen. Was meistens fehlt, ist eine klare Ordnung, eine Roadmap oder auch nur ein Framework, in dem alle Maßnahmen, die auf Nachhaltigkeitsziele einzahlen, für alle, nach innen und nach außen, erkennbar sind.

Nachhaltigkeit ist ein Prozess, der als untrennbarer Teil der Unternehmensstrategie unmissverständlich kommuniziert werden muss. Und er wird teuer – auch das sollte man ehrlich erwähnen.

Die 10 Erfolgsfaktoren

Die folgenden 10 Erfolgsmuster zeigen, wie Sie durch gute Change-Kommunikation eine gesunde Transformationskultur etablieren können, die Ihr Unternehmen sicher durch den Wandel navigiert, stabilisierend auch für die Zeit danach wirkt und, ganz nebenbei, attraktive Werte für Mitarbeiter:innen und Kund:innen entstehen lässt.

Faktor 1: Eine attraktive und sprechende Überzeugungsstory muss her

Eine Change Story, die nur die Lösung, aber nicht das gemeinsam zu überwindende Problem liefert, lockt niemanden hinter dem Schreibtisch hervor. Nur eine nachvollziehbare, relevante und emotional ansprechende Überwindungsstory findet Fans, neutralisiert Ängste und stabilisiert das Wir-Gefühl.

> Sind die Ausgangslage und das Problem gut erklärt? Wird deutlich aufgezeigt, was passiert, wenn Sie nicht handeln? Kann ein attraktives Zukunftsbild nach dem Change aufgezeichnet werden? Sind die Lösung und der Weg dorthin für alle nachvollziehbar? Sind die Relevanz-Faktoren – Nähe, Nutzen, Neuigkeit – berücksichtigt?

Faktor 2: Change ist Chefsache und nicht delegierbar

Menschen orientieren sich an Menschen und nicht an abstrakten Plänen und Vorgaben. Change ist nicht delegierbar, schon gar nicht an externe Berater:innen. Das gesamte Management-Team, mit dem CEO an der Spitze, muss die gemeinsame Change-Mission konsistent und kohärent erzählen und im Alltag glaubwürdig vertreten. Der CEO ist im Change immer auch der »Chief Future Storyteller«, der von der Vergangenheit über die Gegenwart in die Zukunft führt. Dass dabei auch Komfortzonen verlassen und alte Glaubenssätze begraben werden müssen, sollte offen angesprochen werden. Vertrauen braucht Nähe und Dialog.

> Ist die gesamte Führungsriege mit dem Change-Narrativ vertraut? Sind die Führungskräfte in den Roll-out der Change Story mit Plan und Ziel eingebunden? Gibt es dialogische Formate, Interventionen zum Austausch zwischen Führungsteam und Mitarbeiter:innen?

Faktor 3: Kommunikation braucht Raum und Ressourcen

Gute Kommunikation reduziert nicht nur das Risiko, die Change-Ziele zu verfehlen. Nur durch Kommunikation wird die Marke nach außen hin gestärkt und die Unternehmenskultur von innen her positiv verändert. Das erreicht man aber nur, wenn man diese Begleitaufgabe genauso ernst nimmt wie die Investition in neue Produktionsmaschinen oder Digitalisierung.

Es geht auch garantiert schief, wenn die Aufgabe allein an externe Agenturen und Kampagnen ausgelagert wird. Funktionieren kann es nur, wenn ein professionelles internes Team aufgebaut wird – am besten unter Anleitung von Expert:innen, die in der Change-Phase Know-how, Skills und Tools bereitstellen. Diese Strukturen werden auch nach dem Change noch gebraucht werden. Sie kommen, um zu bleiben.

> Gibt es eine personelle und budgetäre Kommunikationsinfrastruktur im Unternehmen, die dezidiert für die Change-Kommunikation im Einsatz ist? Existiert eine professionelle Kommunikationsbegleitung, die von der Ausarbeitung des Kommunikationsplanes bis hin zum Monitoring der Maßnahmen in Charge ist? Ist der/die Kommunikationsverantwortliche im Unternehmen im engsten Change-Steuerungsteam vertreten?

Faktor 4: Gehirngerecht denken und handeln

Stellen Sie Ihre Change-Botschaft auf Ihre Zielgruppe ein – und nicht umgekehrt. Umso schneller Sie kommunizieren, desto weniger Vakuum entsteht für ungewollte Gerüchte und unbegründete Ängste. Weil Emotion immer die bessere Information ist, verzichten Sie, soweit wie möglich, auf Fakten, Zahlen, Daten und Tech-Speech. All diese Informationen muss das denkfaule Gehirn erst mühsam dekodieren. Konzentrieren Sie sich stattdessen auf sprechende Bilder, glaubwürdige Botschafter:innen, Rolemodels des Change und ein attraktives Zukunftsszenario, das Lust macht auf Veränderung. Ein intuitiver, inspirierender Titel und eine ansprechende grafische Umsetzung geben der Mission den visuellen Rahmen und Halt.

> Ist Ihre Change Story in zwei bis drei Sätzen erzählbar? Ist der CEO schon in seiner Rolle als Chief Storyteller angekommen? Sind Stimmung und Denken vorwärtsgerichtet und zuversichtlich? Erkennen Sie ein attraktives Zukunftsbild, eine sprechende Change-Mission, die Sie auch Ihren Kund:innen erzählen können? Hat Ihr Change-Programm einen intuitiven, inspirierenden Titel?

Faktor 5: Die Zukunft mit der Vergangenheit verknüpfen

Bekanntes, Bewährtes, Gelebtes schaffen Halt und Verankerung. Auch wenn Manager:innen lieber über Gegenwart und Zukunft sprechen, gab es vor ihnen, in der Vergangenheit, immer jemanden mit einer einzigartige Gründungsidee. Es lohnt sich, Marken-Archäologie zu betreiben, in die historischen Archive zu schauen und die Zukunft an die Unternehmensgeschichte zu knüpfen.

Beispiel: Funkelnde Magie

Daniel Swarovski kam 1895 von Böhmen nach Tirol, um »einen Diamanten für alle« zu kreieren. Eine so wunderschöne wie auch starke Mission, die dem ursprünglichen Geschäftsmodell – innovative Massenproduktion fernab von Wettbewerb – funkelnde Magie verleiht und bis heute trägt.

Kennen Sie die Gründungsgeschichte Ihres Unternehmens? Welcher Gründungsgedanke war damals tragend? Lässt sich eine Verknüpfung mit dem Heute herstellen? Gibt es Werte, die sich durch die Unternehmensgeschichte ziehen? Was ist typisch, einzigartig für das Unternehmen, was unterscheidet es von anderen? Welche historischen Erfolge gibt es, die uns heute noch stolz machen?

Faktor 6: Stakeholder involvieren und aus einem EgoSystem ein EcoSystem machen

Bei »Change« geht es am Ende immer um die große Frage, wie Organisationen ihre Transformation so gestalten, dass sie robust in einem zunehmend fragilen Umfeld überleben. Ebenso darum, wie wir die eigenen Industriegrenzen erweitern. In der Vergangenheit haben wir unser Stakeholdermanagement in linearen Wertschöpfungsketten organisiert. Heute verlangt Wertschöpfung nach mehr Kooperation, Kollaborationsdichte und Netzwerkorganisation.

Bauen wir doch unsere alten **Ego**Systeme um in neue, kollaborative **Eco**Systeme. Dafür braucht es mehr Nähe und Einbeziehung der Stakeholder (Eigentümer:innen, Kund:innen, Lieferanten, Betriebsrat).

> Haben Sie eine Stakeholder-Landkarte, die Sie abrufen können? Welche Partner:innen möchten Sie informieren und involvieren? Gibt es bereits Zusammenarbeitsformate mit Ihren Kund:innen und Lieferanten, die Sie für den Change aktivieren könnten?

Faktor 7: Gemeinsam ein neues Kooperationsdesign definieren

Zusammenarbeit braucht Regeln. Im Change gelten besondere Regeln der Kooperation, die allen Beteiligten transparent sein sollten. Deshalb ist ein Change-Kooperationsdesign wichtig. Dafür braucht es

1. ein **überzeugendes Ziel**, das für alle Sinn macht (»Wenn alle mitmachen, stehen wir nachher besser da«),
2. ein **attraktives Angebot** (intuitiv, einfach, freiwillig, inspirierend, identitäts- und sinnstiftend),
3. eine **Governance**, die von allen getragen wird und auch regelt, wie man mit passiven oder gar aktiven Widerständlern umgeht. Das Regelwerk sollte im Übrigen auch die zeitlichen Ressourcen und Mechanismen der De-Priorisierung ansprechen, damit die Beteiligten vom Tagesgeschäft entlastet werden (siehe hierzu bereits Kap. »Fit werden und fit bleiben«).

Nutzen Sie gleich zum Start den Dialog zwischen dem Management und Ihrem Change-Team, um ein gemeinsames Change-Kooperationsdesign zu entwickeln.

> Gibt es bereits an anderer Stelle oder aus anderen Projekten Kooperationsregeln, die funktionieren? Wurden beim Change-Programm Anpassungen, neue Regeln der Zusammenarbeit berücksichtigt? Sind diese allen Beteiligten klar und zugänglich?

Faktor 8: Marke als Wertschöpfungs- und Führungsinstrument nutzen

Unternehmen gewinnen Anziehungskraft nicht nur, weil sie Profit machen, sondern weil sie sich als ein nützliches Mitglied der Gesellschaft zeigen, weil sie eine Mission verwirklichen. Das alles sichtbar, hörbar und erlebbar zu machen, ist eine kommunikative Vermittlungsleistung zwischen Unternehmen, Produkt, Mitarbeiter:innen, Kund:innen und Markt. Eine starke Marke ist besonders im Change ein hocheffektives Führungsinstrument, weil sie Wertesysteme und Leitbilder verdichtet, und zwar jenseits von banalen Standardbehauptungen oder nichtssagenden Floskeln.

> Prüfen Sie, ob Ihre Marke folgende Fragen beantwortet: Warum gibt es uns? Wofür sind wir wirklich da? Wofür bezahlen uns die Kund:innen Geld? Was ist unsere Mission jenseits des Geldverdienens? Was ist unsere gemeinsame Sehnsucht, unsere Hoffnung, unser gemeinsamer Gewinn? Welchen Beitrag (für Gesellschaft, Umwelt etc.) leisten wir im Wandel?

Faktor 9: Wenn's mal nicht so läuft – neue Wege, selbes Ziel

Strategie ist kein planbarer Prozess, sondern der variable Weg zum Ziel. Eine Strategie ist auch immer nur so gut wie ihre Fähigkeit, sich schnell und flexibel anzupassen, wenn es mal nicht so ganz nach Plan läuft. Den Weg anzupassen bedeutet nicht automatisch, das Ziel mit zu ändern. Das *Wie* (Plan) ist nicht das *Was* (Ziel).

Glaubwürdigkeit und Vertrauen liegen eng beieinander: Abweichungen sollten klar angesprochen und die Korrekturmaßnahmen am besten gleich mitgeliefert werden. Am wichtigsten aber ist es, die Zielerwartung beizubehalten und nicht, sobald der erste Gegenwind bläst, an der Change-Mission herumzudoktern. Die Botschaft muss kohärent und konsequent durchgezogen werden, um glaubwürdig zu bleiben. Dabei geht es nicht um die Wortwahl, sondern um die Botschaft selbst und darum, bei deren ursprünglicher Bedeutung zu bleiben.

> Werden Abweichungen vom Plan transparent kommuniziert? Verschwindet manchmal eine Change-Ansage still und heimlich wieder, ohne sich offiziell verabschiedet zu haben? Werden Teilziele und ihre Erreichung gefeiert? Werden während des Wegs neue Ziele eingeführt, die mit dem eigentlichen Ziel konkurrieren?

Faktor 10: Return of Engagement (ROE) ist der neue Return on Investment (ROI)

Firmen sind keine Schlachtfelder mit Excel-Spreadsheet-Exekutionen. Sie sind Orte, an denen Menschen sich begegnen, interagieren und für eine gemeinsame Sache kämpfen: im Idealfall um die Kund:innen. Nur so wird aus dem Return on Investment (ROI) auch ein *Return of Engagement* (ROE). Und das ist mitunter überlebensentscheidend, wenn am Ende alles anders ist.

Meist hat der Wechsel von einer Routine in die nächste über das x-te Change-Programm keine wesentlichen Veränderungen grundlegender Muster und Haltungen der einzelnen Betroffenen zur Folge. Nachhaltig die Richtung des Denkens zu ändern, funktioniert nur durch das eigene Erleben. Es braucht also Anreize, mit denen das erwünschte neue Verhalten sichtbar gemacht, validiert und belohnt wird. Nach der Gallup Mitarbeiterengagement Studie 2021 steigt das Engagement um 83 %, wenn Unternehmen kleine Erfolge und Anstrengungen bei der Arbeit anerkennen. Lassen Sie also Quick Wins und Mini-Habits nicht einfach ungenutzt, sondern kommunizieren Sie diese schnell, authentisch und effektiv im Unternehmen.

> Wird Engagement im Unternehmen erkannt und hervorgehoben oder nur vorausgesetzt? Werden kleine, positive Änderungen bei Einzelnen oder Teams kommuniziert? Gibt es für die Mitarbeiter:innen Gelegenheiten, sich über ihre Change-Erfahrungen und -Erfolge auszutauschen?

Diese 10 Erfolgsfaktoren stellen wir Ihnen unter myBook+ (mybookplus.de).de nach Eingabe des Buchcodes TGA-HL12 in der Kategorie »Kommunikation & Soft Skills« zum Download zur Verfügung. Dort finden Sie auch eine weitere hilfreiche Übersicht: Die 10 Misserfolgsfaktoren in Change-Prozessen.

Kommunikation ist Führung, ist Kultur, ist Chefsache

»A leader knows the way, goes the way and shows the way", sagte John C. Maxwell, Experte in Führungsfragen, einst treffend. Man gewinnt niemals nur mit Erfolgen, sondern auch mit Erwartungshaltungen.

Der CEO ist daher immer auch der Chief Future Storyteller, der diese Erwartungen moderiert und moduliert. Führung bedeutet Planen, Erklären und Umsetzen – nicht mehr und nicht weniger. Wer nicht erklärt, was er plant, findet auch niemanden, der dem Plan folgt. Kommunikation ist ein mächtiges Führungsinstrument. In Krisenzeiten ist Kommunikation noch wichtiger als sonst. In Krisen sehnen sich die Betroffenen nach Erlösungstorys und CEO-Kommunikation. Wenn unsere Change Story auch die generelle Stimmungslage mitnimmt, schaffen wir ein Stück heile Welt. Ein Blick in den konjunktursensiblen Werbekosmos kann hier schon mal hilfreich sein. Marken gehen in Krisenzeiten besonders auf Stimmungswelten der Konsument:innen ein. Sie arbeiten mit Kommunikationsmodellen, die Trost, Zuversicht, Bestärkung, aber auch Reinheit versprechen.

Nutzen wir dieses Wissen, zeigen wir, dass wir weiter und tiefer sehen als andere. Um in Krisenzeiten und nach dem Change relevant zu bleiben, müssen wir den sensiblen Balanceakt zwischen Strategieanpassung und Imagewandel hinbekommen.

Die Rolle des CEO ist dabei entscheidend: Er muss vorleben, dass Veränderung auf allen Ebenen stattfindet und die oberste Führungsebene miteinschließt. Er muss glaubhaft Ressourcen schaffen, damit Change nicht zusätzlich zum Tagesgeschäft »eben mal so nebenbei« miterledigt werden muss. Er muss hart am Ziel bleiben, auch wenn den Wind sich zwischendurch dreht. Dann klappt es auch mit der wichtigsten New-Leadership-Tugend: aus Betroffenen Beteiligte zu machen, die den Weg gemeinsam gehen wollen (und nicht müssen).

Unser Abschlussgeschenk an Sie: das Change-Communication Coaching Tool

Nun haben wir noch ein Geschenk für Sie: ein Tool, das Sie und Ihre Führungskräfte in Change-Prozessen dabei unterstützt, in einen strukturierten, entwicklungsorientierten Dialog mit Ihren Mitarbeiter:innen zu treten. In dieses Change-Communication-Coaching-Tool sind unsere Erkenntnisse aus zahlreichen Beratungsprojekten, Interviews und Gesprächen mit Change-Verantwortlichen, Change-Betroffenen, Berater-Kolleg:innen eingeflossen.

Die Arbeit damit geht wirklich sehr schnell: Nur 5 Minuten Zeitinvestition für 5 Fragen, entlang derer Sie sehr schnell ein erste Icebreaker-Session in Ihrem Team zu Kommunikation und Zusammenarbeit im Change starten können.

Mehr Infos zum Tool und eine ausführliche Bedienungsanleitung finden Sie auf dieser Website http://www.change4impact.expert/ccc, die Sie auch über den folgenden QR-Code aufrufen können.

Glossar

Archetypen: Das Konzept der Archetypen stammt vom Psychologen C. G. Jung, einem Schüler von Sigmund Freud. Nach ihm sind die Archetypen im kollektiven Unbewussten angelegt und stehen jeweils für eine symbolische Figur. Diese Urmuster der Menschheit tauchen unter anderen in Religionen oder Märchen immer wieder auf und stimmen weltweit in allen Kulturen überein.

Change: Veränderung, Wandel. Meistens hat Change einen klaren Anfang und ein Ende. So ist es aber heute nicht mehr. Siehe dazu auch Transformation.

Change Story: Veränderungsgeschichte, Narrativ. Siehe auch Storytelling.

Co-Creation: Eine Form der agilen Zusammenarbeit aus dem New-Work-Bereich, bei der Kund:innen aber auch Mitarbeiter:innen oder Stakeholder an einem unternehmensinternen Prozess (z. B. Innovation) teilhaben können.

Corporate Influencer: Mitarbeiter:innen eines Unternehmens, die als Markenbotschafter:innen authentischen Company Content verbreiten.

Culture Codes: Kulturelle Codes sind Bedeutungssysteme, die sich über Praktiken, Erwartungen und Konventionen ausdrücken und eine (Unternehmens-)Kultur prägen.

Customer Centricity: Kundenzentrierung in der Unternehmens- und Angebotsausrichtung bis hin zur konsequenten Fokussierung auf Konsument:innen.

Design-Frage: Eine aus dem Design Thinking und anderen Innovationsmethoden stammende »Wie können wir«-Frage, mit der eine Herausforderung fokussiert und neu eingerahmt wird.

Digital Natives: Junge Menschen ab dem Jahrgang 1980, die im Digitalzeitalter und mit digitalen Technologien aufgewachsen sind. Zu ihnen zählen die sog. Millenials, die Generation Y, Z und folgende.

Ecosystem (Business Ecosystem): Ist ein voneinander abhängiges Wertschöpfungsnetzwerk eines Unternehmens, das über dessen Grenzen hinausreicht. Es umfasst alle Stakeholder (Mitarbeiter:innen, Kund:innen, Lieferanten, Vertriebspartner, Technologiepartner, und viele mehr).

Employee Experience: Aus dem Grundgedanken der Customer Experience (Kundenerlebnis) entlehnt, geht es hier um die Summe aller Eindrücke der Mitarbeiter:innen im Unternehmen.

Employer Branding: Positionierung des Unternehmens als attraktiver Arbeitgeber. Ist ein Teilaspekt der Unternehmensmarke und spielt eine wesentliche Rolle in der Unternehmens- und Change-Kommunikation.

Halo-Effekt: Begriff aus der Psychologie. Bedeutet übersetzt Heiligenschein-Effekt und steht für eine kognitive Verzerrung bzw. einen Wahrnehmungsfehler: Menschen neigen dazu, bei Produkten oder Charaktereigenschaften vom Bekannten auf das Unbekannte zu schließen.

Inciting Incident: Das erste wichtige Ereignis – der auslösende Moment –, an dem der Plot beginnt und alles Folgende startet. In der Change-Kommunikation auch zur Erzeugung des Sense of Urgency eingesetzt.

Markenmission: Häufig auch als Mission-Statement bezeichnet. Eine starke Markenmission besagt klar, welchen Nutzen das Unternehmen für die Kund:innen stiftet und leistet. Sie ist eine Art Daseinsberechtigung für das Unternehmen und begründet sein Handeln.

Mini-Habits: Kleine Gewohnheiten auf dem Weg zur Veränderung.

Narrativ: Eine sinn- und wertstiftende Erzählung, die sich meist in einem Bild komprimieren lässt (Beispiel: Vom Tellerwäscher zum Millionär). Siehe auch Transformation Narrative.

People Centricity: Eine menschenzentrierte Führungs- und Unternehmenskultur verspricht bessere Ergebnisse, weil sie den Faktor Mensch (egal ob Mitarbeiter:innen oder Kund:innen) priorisiert.

Pitch: Eine kurze Vorstellung einer Idee, die einer bestimmten Dramaturgie im Aufbau und Ablauf folgt, um zu überzeugen.

Purpose: Beschreibt den Sinn und Zweck eines Unternehmens. Idealerweise ist dieser Sinn auch die im Unternehmen verankerte Motivation. Ein Purpose sollte dauerhaft gültig sein.

Quick Wins: Schnelle, meist leicht zu erzielende Erfolge, die herzeigbar und motivierend sind.

Sense of Urgency: Gefühl, dass die Angelegenheit drängt und keinen Aufschub duldet.

Storytelling: Zielgerichtete Botschaften werden als Geschichte kommuniziert und damit so emotionalisiert, dass sie im Gedächtnis der Empfänger:innen besser abgespeichert werden.

Tech-Speech: Die Verwendung von möglichst vielen technischen Begriffen und Abkürzungen, um das Publikum zu beeindrucken oder komplexe Sachverhalte noch komplizierter zu machen.

Transformation Narrative: Das Narrativ ist die kleinste gemeinsame Einheit einer Change Story bzw. Transformations-Erzählung.

Transformation: Steht in der Regel für die langfristige Veränderung des Geschäftsmodells, während Change sich eher kurzfristig auf Prozesse, Aufbau und Abläufe bezieht. Wir sehen allerdings keinen Unterschied zwischen beiden Begriffen mehr, sondern betrachten Change als Dauerzustand und Haltung, was letztlich wieder transformierend ist.

Weiterführende Literatur und Links

Falls Sie Drang und Lust verspüren, sich in den einen oder anderen Aspekt zu vertiefen, geben wir Ihnen hier jene Werke wieder, die uns selbst als Autoren sehr geholfen gaben, das Thema Change in all seinen interdisziplinären Aspekten zu analysieren und verstehen.

Coats, Emma, Pixar Storyboard Artist, The 22 rules of storytelling.

Coyle, Daniel, The Culture Code – The Secrets of Highly Successful Groups, Bantam 2018.

Deiser, Roland, Organizing for Business. Ecosystem Leadership. Insights from Expert Conversations and a Global Survey, 2020.

Deiser, Roland, Transformers: Executive Conversations About Creating Agile Organizations, 2014.

Drucker, F. Peter, Post-Capitalist Society, Harper Business 1994.

El Ouassil, Samira/Karig, Friedemann, Erzählende Affen: Mythen, Lügen, Utopien – wie Geschichten unser Leben bestimmen. Ullstein Verlag 2022.

Hanusch-Linser, Kristin, Medialer Handel mit subjektiven Wirklichkeiten, in: Festschrift »175 Jahre Eisenbahn in Österreich«, 2013.

Hanusch-Linser, Kristin/Feige, Achim, Marke als Navigator, Kommentar Wirtschaftsmagazin TREND 29/2017.

Hinnen, Andri & Gieri, Reframe it! 47 Werkzeuge und ein Modell, mit denen Sie Komplexität meistern, Murmann 2017.

Hufnagl, Bernd, Besser fix als fertig – Hirngerecht arbeiten statt digitaler Erschöpfung, Molden Verlag 2017.

Jung, C. G., Der Mensch und seine Symbole, Walter 1999.

Kahneman, Daniel, Schnelles Denken, langsames Denken, Siedler Verlag 2012.

Karig, Friedemann, Interview im Podcast 8. Tag: «Es sind zu wenig Geschichten übrig, an die wir kollektiv glauben" | The Pioneer

Keil, Gunhard, Durchsetzungsstark verhandeln: Mit Strategie, Tools und Persönlichkeit nachhaltig zum Erfolg, Haufe 2022.

Keil, Gunhard/Nickel, Susanne: Führen auf Distanz, Haufe 2021

Keil, Gunhard/Nickel, Susanne: So geht Agilität: Die besten agilen Methoden im Job, Haufe 2020

Knörer, Ekkehard, Der Tatort und die Philosophie, Tropen Verlag 2014.

Moore, Geoffrey A., Crossing the Chasm, Marketing and Selling Disruptive Products to Mainstream Customers, Collins Business Essentials 2014.

Naughton, Carl, AQ: Warum Anpassungsfähigkeit die wichtigste Zukunftskompetenz ist, Gabal 2022.

Peglow, Julia, Wir Internetkinder, Verlag Hermann Schmidt 2021.

Pricken, Mario, Think outside the frame, Econ Verlag 2019.

Scharmer, Otto, The Essentials of Theory U, Berrett-Koehler Publishers 2018.

Sterzer, Philipp, Die Illusion der Vernunft, Ullstein Verlag 2022.

Impressum

Bibliografische Information der Deutschen Nationalbibliothek
Die Deutsche Nationalbibliothek verzeichnet diese Publikation in der Deutschen Nationalbibliografie; detaillierte bibliografische Daten sind im Internet über http://www.dnb.dnb.de abrufbar.

Print: ISBN: 978-3-648-17354-1 Bestell-Nr.: 10773-0001
ePub: ISBN: 978-3-648-17355-8 Bestell-Nr.: 10773-0100
ePDF: ISBN: 978-3-648-17356-5 Bestell-Nr.: 10773-0150

Kristin Hanusch-Linser, Gunhard Keil
Change-Kommunikation – Menschen für Veränderungen gewinnen
1. Auflage 2023

E-Mail: info@haufe.de
Redaktion: Jürgen Fischer

Konzeption, Realisation und Lektorat: Nicole Jähnichen, www.eisbach-text.de
Bildnachweis (Cover): © Fotocredit Sabine Hauswirth
Illustrationen (Innenteil): Nathalie Aubourg

Das Autorenteam

Kristin Hanusch-Linser

ist Top-Executive Advisor für Brand-Transformation, Change-Kommunikation und brandcentric-Leadership. Ihr besonderer Fokus auf »Transformation by brand« hat sich aus ihrer langjährigen operativen Praxis als Medien- und Kommunikationsmanagerin entwickelt. 2012 wurde sie von der International Advertising Association (IAA) zum »Marketer des Jahres« gewählt und hat gemeinsam mit ihrem Team zahlreiche nationale und internationale Auszeichnungen erhalten. Hanusch-Linser ist Vizepräsidentin der IAA-Austria und ist in einschlägigen Branchen- und Fachverbänden auf Vorstandsebene tätig. Als Dozentin lehrt sie an der WU-Executive Academy und an Fachhochschulen.

Gunhard Keil

berät Vorstände von internationalen Konzernen rund um die Digitalisierung, ist gefragter Verhandlungsexperte und begleitet als Top Executive Coach Unternehmer auf ihrem Weg an die Spitze. Seine Führungserfahrung hat er in der automotiven Industrie an der Schnittstelle Logistik und IT gesammelt, unter anderem auch als Mitglied des Executive Boards eines IT-Service-Unternehmens. Gemeinsam mit zwei Partnern gründete er 2018 die digitalsee GmbH, ein agiles Digitalisierungsunternehmen, welches sich auf Projektmanagement, IT-Service und New Work spezialisiert hat. Der Jurist und Psychologe lehrt bzw. lehrte als Dozent an der WU Executive Academy, am IMC Krems und an der FH Wiener Neustadt.